野の花と暮らす

麻生玲子

海鳥社

はじめに

大分市内から西方に約二五キロ離れた場所に直入町大字長湯があります。日本一の炭酸泉とドイツ村の名で広く知られるようになりました。同じ炭酸泉を持つドイツのバートクロツィンゲン市と姉妹都市になり、交流が始まったのは平成元年のことです。それを契機にドイツ村は生まれたようです。

長湯で育った私の記憶では、ドイツ村のあたりは一面の大草原で、「大草原の小さな家」に出てくるような風景がありました。春は翁草が咲き、夏は牛が長閑に草を食む。秋は真っ赤なグミの実が芒の中で揺れ、冬は寒風が枯れ野を吹き抜けてゆきます。

夫が職を退き、私も仕事を辞めてからは、二人でよく直入の山野を訪れるようになりました。ドイツ村誕生のころです。自然林の中にエキゾチックな風景がありました。町営住宅・温泉棟、公民館などのドイツ風建物とまわりの草木の調和が実にすばらしいのです。夜ともなると、オレンジ色の灯が村を照らし、まるでガス灯のようで郷愁を誘われます。過疎の町が飛ばした大ヒットに、自然と共生した地域づくりのあることを知りました。

長いこと忘れていた野の花を再び目にして、素朴な美しさに惹かれていったのも、そのころです。長湯のような涼しい所で山野草と暮らせたら、どんなに幸せだろう。二人の思いは同じでした。夢に近いと思っていたことが、ふとした縁で叶うことになりました。平成七年の春、ドイツ村の近くに千五百坪ほどの櫟《くぬぎ》林を入手することができました。櫟を植える以前は草スキーができたという話のとおり、かなりの急勾配です。頂上を造成して野菜畑に、二段目は果樹園に、残りは以前のまで山野草や花木を育てることにしました。寝泊まりできる程度の家を建て、大分との往復が始まりました。

春から秋にかけて翁草《おきなぐさ》、愛媛菖蒲《えひめあやめ》、蛍袋《ほたるぶくろ》、撫子《なでしこ》、子鬼百合《こおにゆり》、女郎花《おみなえし》、平江帯《ひごたい》、夕菅《ゆうすげ》、龍胆《りんどう》など、数えきれないほどの花が次々と咲き、感激もひとしおでした。

四季折々に咲く花たちに語りかけ、カメラで追いかけているうちに、一冊の本にしてみたいという思いが膨らんできました。

ところが素人の悲しさで、自然の花が自然の花らしく写ってくれない。小さい花ほどピントが合わない。むずかしいものです。文章もまた、思うことの十分の一も書けず、たいへんむずかしいものでした。

しかし、花を通して二十二歳までを過ごした故郷を思い、家族を思い、精一杯生きてきた人生を振り返ることができたことは幸せでした。

これから始まる私と花たちとの呟きを聞いていただけたら幸いに思います。

野の花と暮らす◉目次

はる

なつ

はる

雪の滴

ゆきのしずく

湯呑茶碗の形をした容器の中で頭を寄せ合う白い花。なんと、かわいい！　花全集のそのページに釘づけになった。名は「雪の滴」という。是非とも由来を知りたい。そして何としても植えてみたい。「希望」の花言葉も気に入った。

雪の滴――原産地はヨーロッパ及び西アジアで、英名をスノードロップという。名前の由来はアダムとイブの神話が基になっているということである。禁断の実を食べたアダムとイブが楽園から追放された日、にわかに雪が降りだした。そのとき天使が舞い降りて、二人を慰めるために「春はもうすぐだよ」と告げて、雪に手を触れた。すると雪が解けて滴になった。そこに現れたのがスノードロップだった。

ほどなく山野草店で入手した球根は、花と同じように小粒である。二月の声を聞くと、草の中から二枚の葉が出てきた。そして茎も見えはじめた。

穏やかな陽光が降り注ぐかと思えば、真冬に逆戻りの日もあり、行きつ戻りつの二月の半ば、雪の滴に蕾がついた。長さ一センチ、直径五、六ミリほどの蕾は、

茎丈一〇センチ足らずの先端で提灯状にぶらぶら揺れる。
あれから一週間過ぎただろうか、うなだれた蕾を促すように、朝日が優しい光を放つ。三花弁がわずかずつ開いていく。中から薄緑の蕊《しべ》が見え隠れしてきた。一日千秋の思いで待ち望んだ開花の始まりである。「希望」の灯を庭いっぱいに運んでくれるのも間もなくであろう。

福寿草

ふくじゅそう

大分市に比べて、さすがに長湯の冬は厳しく、一〇センチもあるような霜柱が家を取り囲み、日当たりの悪い山肌は一日中凍ったままである。それでも植物は約束ごとを違えることもなく、根を張り花をつける。菜園の日だまりに、豆粒ほどに膨らんだ蕾が二つ頭を出した。福寿草の芽立ちである。頭は出したものの、二月の寒さに戸惑っているのか、いっこうに大きくならない。

月末、大分は朝から冷たい雨になった。直入地方は、かなりの積雪らしい。福寿草が咲いているに違いない。雪中に咲く一輪を撮りたいという思いが募ってくる。

二日後の抜けるような青空の朝、やっとたどり着いた長湯は、まだ雪に覆われていた。咲いているだろうか？　花びらは傷ついていないだろうか？　側を離れることができない。ひたすら雪解けを待つばかりである。しばらくして白いベール越しに、ぼんやりと黄色の輪郭が見えてきた。待ちきれずに指先でチョンと突ついてみる。パラリと雪が落ちた。反動で花びらがブルンと揺れる。

咲いていたのだ！　少しばかり凍えているが時間と共にしっかりしてきた。可憐な中にも凛とした美しさを漂わせている。地面すれすれに黄金の花びらを広げて、菊の御紋のような気品がある。

福寿草の醍醐味は、何といっても初花が開花したこのときである。花粉のあたりの表面温度は二十五度にもなるというから、まさに花の中は夏である。花は蜜を持たないから蝶は寄りつかない。仮に蜜があったとしても蝶の羽化は先のことだから、自然の摂理とは不思議である。その代わり虻や蝿が花粉を食べにやってくる。

それから何日かして、花の下から葉芽が伸びはじめてきた。この花は太陽なしでは開花できない性質を持っている。従って雲の流れの早い日は忙しく、咲いたり閉じたりの繰り返しで一日が終わることも珍しくない。そのような日は撮影も「待ち」の連続である。咲くことと閉じることを調節している分だけ寿命が長く、二週間ばかりのひとり舞台が続いたあと、ひとひらひとひら散っていった。

入れ代わるように初花の周囲には幾本かの茎が伸び、葉芽が出て、頂に二番手、三番手の花が咲きはじめた。人参によく似た葉の上で、花たちは最後の踊りを踊りつづける。

この花は古代においては「青陽菊」と呼ばれていたようだ。『豊後国志』の「直入郡の巻」で見つけた文章の中に、次のような一文が載っている。

――山丹花・燕子花・胡蝶花・躑躅・青陽菊（一名元日草、湯原地、満山皆此草、倶朽網卿出）――

朽網《くたみ》というのは、現在の久住・直入町及び庄内町の一部と野津原町の一部であって、湯原は直入町の中心地である。「一名元日草」という但し書きがなかったならば、青陽菊の正体はたぶん分からなかっただろう。豊後地方独特の呼び名だったのか。福徳草、長寿菊、報春花などと呼ぶ地方もある。

中国では黄色が縁起のよい色とされており、幸せと長寿を祝う花として好まれたようである。和名の起源もそのあたりから来ているのではないだろうか。昔の人は浅鉢に植え、床の間に飾って初春を祝したという。因みに花言葉も「幸福を招く花」とおめでた尽くしである。

梅《うめ》

果樹園の豊後梅がほころびはじめた
若木はひたすら天に向かって
伸びる　伸びる
横にはみだした小枝を
カメラが捉えた
まだ寒そうな蕾の傍らで
みんなを促すように
一輪だけが　ぱっと開いてみせた

頭上でウグイスが鳴いている
リーダーだろうか
ホケキョ
つづいて見習生の幼子たちも
ケキョ　ケキョ　ケキョ
辺りを見回すがどこにも姿がない
なんだか楽しくて
ケキョ　ケキョ　ケキョ
と真似をしてみる

桃《もも》

長湯に山を購入した年の秋に桃の苗木を五本植えた。果樹園のスタートである。それから三年後、初めて一本の木に花が咲き三十個ばかりの実が成った。袋掛けをして鳥予防のネットも張り、あとは収穫を待つだけである。七月の終わりごろ袋を透かして色づいた桃が見えてきた。味見の結果も上々である。

いよいよ収穫の日、籠を持ち畑に入った私たち二人は呆然と立ち尽くした。

「ない、なくなっている!」

昨日までついていた実が袋ごと一晩のうちに消えてしまったのである。種もなければ食い荒らした跡もないというのに。カラスの仕業にしては余りにも手際がよすぎる。狐につままれた気持ちとは、このことだろう。そのとき夫が叫んだ。

「ここだ!」

指さす地点にカラス一羽が通り抜けた分、ネットが持ち上がっている。「まさか」と思うことをやってくれるものだ。きっと、このカラスは一個ずつネットの所まで運び、纏まったところで一気に外に押し出したに違いない。そのあと悠々

とどこかへ運び去ったのだろう。彼らには人間の心理を感じ取る何かがあるのではないか。センサーでも持っているのか。普段はカアー、カアーと忙しげに鳴くくせに、獲物を横取りするときは黙って食べる狡賢さもある。

「これはハシブトカラスの仕業に違いない」

と夫は言う。ハシブトカラスは特別に口ばしも体も大きく、利口かつ大胆で一羽で行動する性質を持っているということである。

ある日、県道沿いのガードレール上に一羽のカラスが止まっていた。大きな口ばしを開け、カオー、カオーと不気味な鳴きかたをする。これがハシブトカラスだろうと思うと恐くなり、一人で歩いていた私は反対車線を通り過ぎた。すると道路に降りたカラスは、横柄な感じでのっそり、のっそり歩いて行った。

翌年は五本の木に溢れるほどの花が咲いた。花桃は枝垂《しだ》れ桃かと思えるほど枝垂れて優雅である。実は小さくて食用としては期待できないが、交配樹としての大切な役目を受け持っている。残りの四本の木も花後の実つきは上々である。夫は木の周囲に高さ三メートルばかりの杭を立てた。ネット張りの準備である。

袋の中の実が大粒の梅ほどになったころ、思わぬ侵入者が現れた。ちぎれた袋、土まみれになった種、大きな足跡は、猪の仕業であることを物語っている。ついに大物が現れた。推定で二百個ほどは食いちぎられている。ハシブトカラス何十羽分の荒仕事をしてくれるものだ。自然相手に作物を育てることのむずかしさを

つくづく痛感した。カラス対策につづいて猪対策まで考えねばならない羽目になった。さて、どうしたものやら……。とりあえずイガ線（有刺鉄線）を木の周囲に張ってみることにした。

ところが、農協で買ってきたイガ線は一巻き五千円、手のつけようがないほど重い。手足はひっかき傷で血が滲み、作業着は裂け、イガとの格闘の末、どうにか作業は終わった。しかし出入りするたびに服が破れ、油断をすると怪我をする。イガ線とは牧場に張るものであって、畑に張るものではなかった。

夏の草原を彩る小鬼百合の球根が被害に遭ったのは、それから数日後のことである。彼らが里の作物を荒らすようになったのは、自然林が減って木の実などの食物がなくなったことも原因の一つだろうし、狩猟の規制で猪が増えたことにもよるだろう。これは一朝一夕に解決できる問題ではないし、私たちにできることは、被害を少なくすることだけである。最後の手段として、山全体を電気柵で囲むことにした。

七月から八月にかけて次々と実が熟しはじめた。甘酸っぱい香りがあたりに漂う。収穫を始めてみると、雨が多かったせいか、虫害や病害で完全なものは三割にも満たない。甘味が少々足りない気もするが、存分に桃の味は楽しむことができた。

実成りが始まって三年目の今年は、

天候もよく生育は順調である。猪もカラスも諦めたようで、平穏な日々が続いていたのだが……。

収穫が近づいたころ不思議な現象が起きた。

花桃の根元に二、三個の種を見つけた夫は、合点がいかぬままに片づけたようだ。翌朝また種が三個揃えて置いてあるという。翌朝も、また翌朝も同じことが続いた。果肉をきれいに食べていること、几帳面であること、大食いをしないことなどから、小動物であることは間違いない。たぶんリスだろうということになった。ネットを噛み切って進入していることから、歯の発達した動物のようだ。ペットの本を見ていた夫がハムスターかもしれないという。鼠の仲間だから、あり得ることだと思う。

正体が分からぬままに花桃の実は三個ずつ減っていく。そして、とうとう底をついた。翌朝からは本命の桃が一個ずつ減っていった。大きいので一つあれば満腹するのだろう。贅沢にも虫食いのない完全なものしか食べないのには閉口する。まったくお手上げというほかない。

さらに追い打ちをかけるように桃の表面に凹凸ができた。カメムシが発生して中の水分を吸い取ったのである。幻のリスか？　あるいはハムスターか？　それに加えてカメムシまでが悪さをして、今年の桃も終わった。カラスに目くじら立てていた私たちも、相次ぐ生き物の攻撃に遭って観念せざるを得ない。同じ命あ

るもの同志、分かち合って食べろということだろうか。

娘一家には昨年と同様、上等なのを選んで宅急便で送った。外国に住む息子一家には味わってもらうことができないが、昨年のこと、孫から意外な注文が届いた。それは「きびだんご」である。「日本むかしばなし」のビデオに出てくる「ももたろう」に、彼ははまってしまったようだ。電話の向こうで、

「おばあちゃん、きびだんごつくってくれる？」

と聞く。私は咄嗟のことで返答に困った。回転の悪くなった脳が急回転した揚げ句、

「つくれるけどね、日本からキエフは遠いから送れないのよ。日本に帰ったら食べようね」

と言ってしまった。食べたら赤鬼、青鬼をやっつけるパワーが出ると彼は思っているのだ。ママはつくれないけど、おばあちゃんはつくれるということになっているらしい。ああ、どうしよう！

菫《すみれ》

「山笑う」季節である。山荘のまわりは野も畑も笑いはじめた。菫も笑っている。

一口に菫と言ってもさまざまで、山荘の近くだけでも五、六種類はあるだろう。その中でも一番多いのは紫色の菫である。昨年、念入りに草取りをしたはずなのに、桃の木の下や農園と花木園の間の土手の日当たりのよい所は、早くも満開になっている。なんともかわいい。

『花の百名山』の著者である田中澄江氏は、子供のころから菫が好きで、ご自分の名前を「すみれ」にして欲しかったと本に書かれている。花に因んだ名前は美しくて優しい。菫ちゃんも桜子ちゃんもいい。「菫おばあちゃん」だ

って、ちっともおかしくないし、いいなあと思う。
　山荘の檜山の中に斑入り麓菫を見つけたのは二年前のことだった。葉の表面に斑が入り、裏面は赤色をしてシクラメンの葉によく似ている。地中海沿岸には原種のシクラメンが咲くという話を聞いたことがあるので、もしかしたら？あるはずもない想像が膨らむ。
　だがハート型の葉っぱは一向に大きくならず、申し訳なさそうに縮こまっている。そのうち目の中に入り込むような白くて小さな花が咲き、私をがっかりさせた。でもせっかく咲いてくれたことだし、マクロカメラで撮影することにした。写真は意外に見栄えがよく、毅然として〝わたしは菫です〟と言っているように思えた。
　本物の野生シクラメンに出合ったのは、それから二か月後だった。

梨の花

なしのはな

桃と同時期に植えた梨の木に、昨年初めて花が咲き、予期していなかった実も二十個ほどついた。間に合わせに被せた桃の袋は、日ごとに大きくなる実を包みきれなくなった。うれしい誤算である。

収穫の日、匂いを嗅ぎつけたスズメバチが一匹、威嚇するように私たち夫婦の頭上を、ぶーん、ぶぶーんと低空飛行する。夫が帽子で払い落とし事なきを得た。ところが、それは見張り役だったのか交代要員だったのか、手を伸ばした梨の中に別のスズメバチが食事の真っ最中だったのである。危ういところだった。

自然現象とは不思議なものである。昨年二十個も実がついたのだから、今年は倍ぐらいは成るだろうと予想していた。けれども、三個ついた実は、いつの間にやら落下してしまいゼロになった。その代わりかどうか、実成り前の花は格別に美しく、霧雨に濡れた花びらには言い知れぬ風情がある。桜や梅や桃は春の代表的な花木として注目を浴びているが、梨の花に目を向ける人は余りないだろう。

昭和二十九年、高校を卒業した私は肺浸潤で二年間を虚しく過ごした。友達は大学や社会で青春を謳歌しているというのに、私を取り巻くものは山と田んぼばかり。暗いトンネルの出口はいっこうに見えず、焦る気持ちをあざ笑うごとく病は居座りつづけた。四季の移ろいに感慨もなく、気がついたときには桜が散っていた。

だが、時間が止まったような我が家の庭にも、季節は少しずつ動いていたのだった。ある日、庭続きの菜園に咲く真っ白な梨の花に私は惹かれた。桜ほどの華やかさはないが、清楚で上品で控えめな美しさがある。何年この庭で咲いてきたのだろうか。どうして今まで気づかなかったのかと申し訳ない気がした。暗いトンネルの中だからこそ見えた花なのかもしれない。

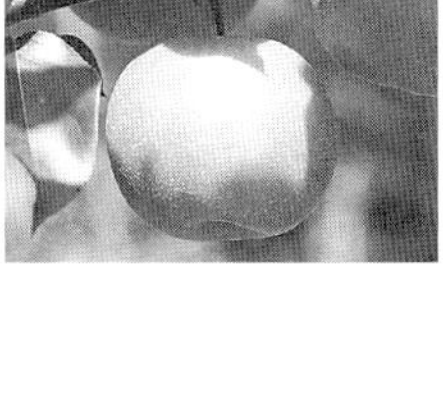

枝垂れ桜

しだれざくら

息子が大学に入学した折、私は初めて京都に旅した。入学式の前日、下鴨神社、京都御所、祇園、清水寺、哲学の径、銀閣寺をへとへとになるほど歩いた。念願が叶った折には、京都の街を二人で歩いてみたいというのが私の夢だった。しかし、京都は途方もなく広い街だった。足にはかなりの自信を持っていたはずだったが、銀閣寺に着き腰を下ろしたまま動けなくなった。建物の外観を眺めただけで、私はホテルに帰った。それでも足で見た京都はすばらしく、よい思い出になった。特に満開だった枝垂れ桜は、優美でたおやかで、古都の雰囲気によく似合うように思えた。

……時を経て、子供らはそれぞれに家庭を持ち二人だけになった。これからの生き甲斐を見つけて長湯に山を求めたのは、正解だったような気がする。夫は病後で気分が滅入っていた時期なので、ここらで転機を図りたいという思いもあった。子供のころから見慣れた何十種もの草花が迎えてくれたことは、何にも増してうれしいことである。夫はカレンダーを張り合わせて裏紙に植樹の設計図を書いた。桜、松、黄楊《つげ》、もみじ、欅《けやき》、躑躅《つつじ》、あげればきりがない。これらの木が成長した十年先、二十年先を想像しながらの作業は楽しく、一日があっという間に暮れ、快い疲れは心身を潤してくれた。

　ここは山なのだ、だから山の木だけで充分である。そのように思いつつも、いつか見た枝垂れ桜を野山に咲かせてみたい思いも募った。一か所ぐらい雅びの世界を真似てみようか、場違いな感じでおかしいだろうか、「逆も真なり」というではないか、山の中の枝垂れ桜は案外と絵になるかもしれない。迷った末に久住連山を望む最高の場所に一本の枝垂れ桜を植えた。翌年きれいな花が咲いたが、日当たりのよい南側におじぎするような形をしている。そのうち恰好よくなるだろうと思っていたら、二年三年と経つうちに、枝が上へ上へと立ち上がりはじめたのである。下の方の枝はまだ枝垂れているが、いずれ上を向くのも時間の問題だろう。もともと植物は天に向かって伸びる習性があるのだから、山の中に植えられて本性を取り戻したのではないか。最近になって親木の周囲に四、五本の若木が生えていることに気づいた。自然の恵みとは何とありがたいことか、種子がこぼれて育ったのだろう。この桜は子福者だったに違いない。

甘菜

あまな

「四月九日に長湯で菜の花祭りを行うので見に来てよ」。ひと月ほど前に同級生から誘いを受けていた。「菜の花祭り」。響きのよい言葉である。「行く、行く」。迷うことなく同意した。

その日が今日である。早速、夫の運転で出かけた。会場にはテントが張られ神楽の舞台も準備されている。家族連れやお年寄り、外国の人たちもいて、大変な賑わいである。農家は後継者が減り活気に欠けているだろうと思っていたのに、四集落だけでこのようなイベントを盛り上げるエネルギーとやる気があるのは、嬉しいことである。ただ、春の訪れが遅れているため、主人公の菜の花が完全に目覚めていないのは残念だが、まずは「花より団子」である。

会場は広々と続く田んぼの入り口に設定されており、真向かいに「権現山《ごんげんやま》」と呼ぶ不思議な山がある。山といっても小さな丘で、なぜ田園の中に丘があるのか分からない。近くの集落名が日向塚《ひゅうがづか》と呼ぶことから前方後円墳のように思えるが、その事実はないようだ。しかし『直入町誌』に次のような伝説が載っている。

――大昔、直入地方は泥海の中であった。あるとき偉い坊様を乗せた大きな船が大嵐に遇った。船は大船山にぶっつかって押し戻され転覆した。そのとき偉い坊様も船も石になり、船山ができた。その後、この山に男女の神様がお降りになったので、「権現山」と呼ぶようになったそうな――

私の記憶に間違いがなければ、戦地に赴く兵隊さんはこの丘で村の人々に見送られたように思う。それ以来の丘である。登ってみることにした。

歩いてわずか五分あまりの行程である。途中と頂上に朽網地方に縁のある歌碑がいくつか建っている。

昭和九年四月、野口雨情が長湯に一泊した折の歌、

久住山から夜来る雨は長湯ぬらしに降るのやら
長湯芹川かわ真中の放れ岩にもお湯が湧く
月はてるてる九重の峰に河鹿鳴く鳴く夜は更ける
長湯出てゆく虹滝こえりゃ袖もしぶきにしめりがち

この中の最初の一行が刻まれている。

また昭和七年八月には与謝野鉄幹、晶子夫妻が長湯を訪れ、そのとき鉄幹が詠んだ歌、

芹川の湯の宿に来て灯のもとに秋を覚ゆる山の夕立

そして『万葉集』から二首、朽網乙女が都へ帰る恋人への想いを託した歌と、その返歌が刻まれている。名欲山はたぶん久住連山ではないかと言われているが、諸説があるようだ。

明日よりはわれは恋ひむな名欲山《なほりやま》石《いわ》踏みならし君が
越え去《い》なば

命をしま幸くもがも名欲山石踏みならしまたまたも
来む

恋人は都の役人であった。「またまたも来む」と詠ってはいるが、果たして……。

半世紀ぶりに登った「権現山」はよく手入れされ、文化の匂いが漂っているようである。麓には小さな甘菜の花が咲いていた。いつか本で見た野性のチューリップによく似ている。

辛夷

こぶし

畑仕事の合間に腰を下ろしてまわりの景色を眺めるのは、楽しみの一つである。晴れた日には南に阿蘇や根子《ねこ》岳がくっきりと姿を現わす。そして西に久住連山が穏やかな雄姿をいつも見せてくれる。右側に黒嶽、真ん中に大船山、左奥に久住山と、子供のころから馴染んだ故郷の山である。決して形のよい山ではないが、どっしりとした安心感を与えてくれるような気がする。

大分へ抜ける道が開けていなかった古代の人々は、朽網山（久住連山）を越して他郷へと出ていったようだ。人との別れも再会も、この山が見ていたのだ。それだけに山への思いは一層強かっただろう。

ぽかぽかと暖かくなってくると、腰を下ろしている時間が長くなる。健康センターの裏の方に白い花が見える。辛夷が咲いたようだ。この花は疎林の中にパッと咲くので、遠くからでもよく目立つ。わずかの間に、あちこちの山が点々と白くなってきた。余りにも突然に咲くので、こんな哀しい物語もある。

壇の浦の戦いに破れた平家の落人が椎葉の山奥に隠れ住んでいた。ある朝、山一面に辛夷の花が咲いた。それを源氏の旗と見間違えた平家の人々は自刃し果てたという。それほど突然に咲くのだ。

私が小学校に入学したころ、近所に住む二歳年上の女の子のお母さんが五十歳の若さで亡くなった。そのとき裏山の辛夷の花が満開だったのを記憶している。私が初めて死を意識したのはそのときだったと思う。

翁草

おきなぐさ

「うずのしゅげを知《し》っていますか。

うずのしゅげは、植物学《しょくぶつがく》ではおきなぐさと呼《よ》ばれますが、おきなぐさという名《な》はなんだかあのやさしい若《わか》い花《はな》をあらわさないようにおもいます。

そんならうずのしゅげとは何《なん》のことかと言《い》われても、私《わたし》にはわかったような又《また》わからないような気《き》がします。——うずのしゅげというときは、あの毛茛科《きんぽうげか》のおきなぐさの黒繻子《くろじゅず》の花《はな》びら、青《あお》じろいやはり銀《ぎん》びろうどの刻《きざ》みのある葉《は》、それから六月《ろくがつ》のつやつや光《ひか》る冠毛《かんもう》が、みなはっきりと眼《め》にうかびます。

まっ赤《か》なアネモネの花《はな》の従兄《いとこ》、きみかげそうやかたくりの花《はな》のともだち、このうずのしゅげの花《はな》をきらいなものはありません。——」

宮沢賢治の『おきなぐさ』という童話に出てくる一文である。

「うずのしゅげ」という名がとても気に入った。感覚として分かる気がする。

花が終わったあと、種子が空中に向かって飛び立つ寸前の白髪に似た毛は、真上から見ると渦《うず》のようにも見える。それから、あの花びらの外側の手触りは、繻子

織物の表面を撫でるのと同じ感覚である。繻子の毛、繻毛、つまり「うずのしゅげ」……。私はこの童話を何度も読んでいるうちに、翁草にぴったりのかわいらしい名だと思えてきた。

「おきなぐさという名はなんだかあのやさしい若い花をあらわさないようにおもいます」と作者は童話の中で言っている。私も以前からもっとふさわしい呼び名はなかったものかと思っていた。直入地方では昔から化粧草（ケショグサ）と呼んでいる。伸びた雌蕊をお化粧の刷毛に見立て、女の子たちがこの長い雌蕊を嘗めて濡らし、髪形などを作って遊んだからだという。花びらが散ったあとに伸びた艶やかな蕊はかわいらしい少女のオカッパ頭のようである。私にとって、化粧草は故郷の自然、家族、友達と同じように、いつまでも心の中から消え去ることはない。

二月の終わりから三月の初めにかけて、風のない穏やかな日を選び、農家の人たちは牧草地に火入れを行う。焼け跡には待ちかねていたように化粧草が芽を出す。切れ込みのある柔らかい葉が二、三枚、地上に現れてくると、花が咲く日もそう遠くはない。

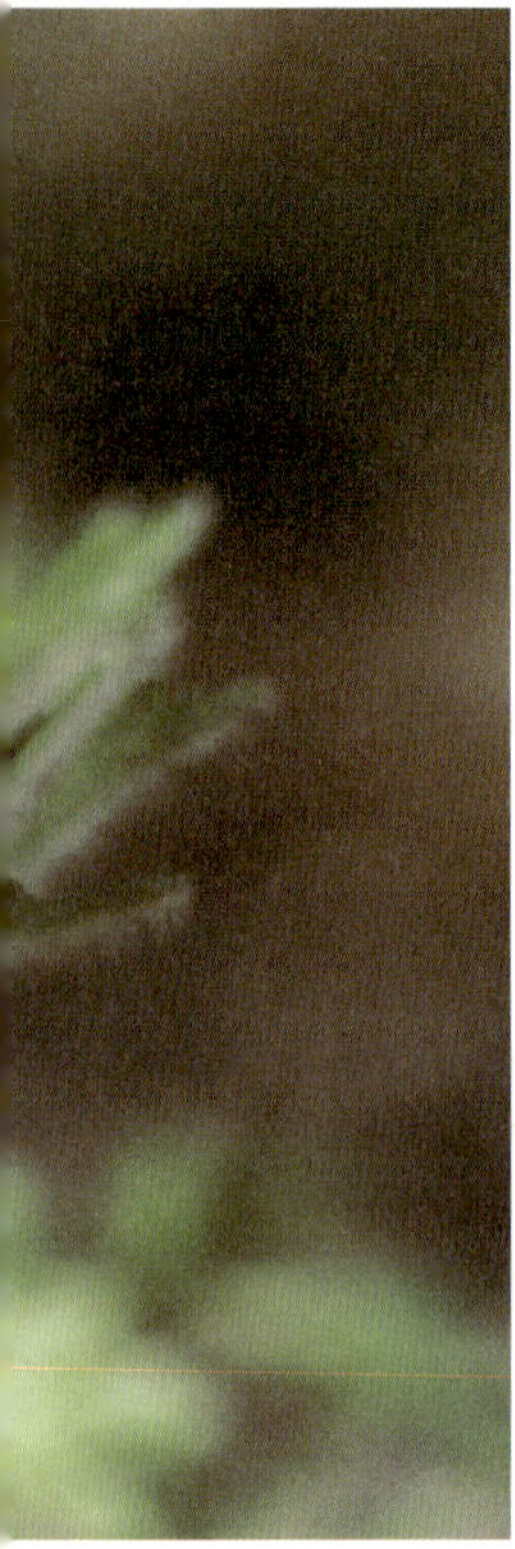

ほどなく絹毛にくるまれた茎が伸び、小さな蕾の頭も見え隠れしてくる。蕾が膨らむにつれて、茎は光に向かってくるりと曲がる。白い絹毛の地肌をほの紅く染めた蕾はうつむいたまま、そっと、そっと花弁を広げていく。小麦色の肌に紅をさしたような花びらの内側が少しだけ見えてくる。可憐で楚々として、汚れを知らない乙女のような花である。人里離れた草原の中でひっそり生きてきたこの花こそ、朽網に咲く花の中の花だと思う。私は何十回カメラに収めたことだろう。

撮っても撮ってもこの花の持つ風情を撮り切れないのである。

童話の中で「うずのしゅげの花をきらいなものはありません」と作者は言っている。本当にそうだと思う。誰もが「まあ！　かわいい」と感嘆の声を上げるだろう。

子供のころの通学路は往復八キロの道のりがあった。そのうえ野峠を一つと山を一つ越すのだから、小学校に入学した当初は通学するだけでも大変だった。寒い冬の朝、大人たちは焚き火をして、待ち合わせの子供たちを暖めてくれた。全員が揃ったところで焚き火の中から焼けた小石が拾い出され、紙に包んで一人に一個が渡される。懐炉代わりの小石は、ポケットの中で凍えた手を暖めてくれた。

霜柱も少なくなり春めいてくると、着膨れていた私も脱いだ上着をランドセルと背中の間にはさんで下校する日が多くなる。野原に化粧草の花が咲きはじめるのもそのころだった。大家族のように花は寄り添って咲いていた。草原のあちこちに花の集団ができる。その中で寝ころんだり、座り込んだりして遊びながら家にたどり着く。

花が終わると、種子を伴った綿毛は風に舞って新しい大地に根づき、家族を増やしていくのだった。やがて、牛の放牧が始まり柵のない草原を自由に歩き回る。人間ものんびりしていたが、牛ものんびりしていた。子供を脅かすような牛はいなかった。その草原がいつの間にか消えている。化粧草もほとんど姿を消した。

木苺《きいちご》

「長葉のもみじ苺」が正しい呼び名だと思うが、私の里では木苺と呼んでいる。藪の中など人手の及ばない場所に生育する。鋭い刺にガードされて、この素朴で魅力的な花は咲くのである。

葉の陰に隠れてひっそりと下向きに花びらを広げる。花のあと青い実が成り、一か月あまりで黄色に完熟する。適度に熟した実は口の中でとろけるように柔らかく、上品な甘味と風味は野苺の中でも一級品である。

私が小学生のころは美味しい果実が山に溢れていた。桑の実、野ぶどう、あけび、ぐみ、栗などなど。木苺は春一番に訪れる山の御馳走であった。この時期を心待ちにしていた子供たちは、空の弁当箱を持って山に急ぐのである。ふっくらと膨らんだ一粒一粒の中には、子供たちの心身を包み込む優しく甘い山のエキスが含まれていたように思う。

山荘へ通じる路の両側には、たくさんの木苺が生えている。写真に撮ったあと口に含んだ苺は、昔と変わりなく素朴で優しい味がした。

つい、この間までは草苺も見かけたが、もう終わったようだ。里ではカマイチゴと呼ぶ。かっちりとしている分だけ水分が少なく風味が足りない。色は鮮やかな赤で草丈一五、六センチの茎の先端につく。径端の草の中、杉山の縁など比較的手の届く範囲に繁殖する。

我が家を建てた昭和四十七年ごろは、大分市の上野あたりは緑が多く、家の前の空き地に草苺が群生していた。他所から摘みに来る人さえあったが、二、三年で絶えてしまった。

春龍胆

はるりんどう

子供たちが独立して夫婦二人だけになってから、私たちは頻繁に久住や直入の山野に出かけるようになった。蕨《わらび》探しに入った草原では春龍胆の群生に出合った。五、六個の花が一塊となって、いっせいに天に向かって花びらを広げ、体全体で太陽を浴びている……いや、食べている、と言ったほうがいいかもしれない。なんと逞しく、そして可憐なことか。私の記憶の彼方で眠っていた何十年か前の野の花が急に蘇ってきた。

「持ち帰って庭に植えたのよ、でも駄目だったわ」と知り合いの奥さんが言う。そのあとで「気候が合わないからねえ」と諦め顔。悪いこ

とと知りながらも、つい誘惑に負けて持ち帰るほどの魅力を、この花は備えている。

山を購入した当時は笹竹が茂り、全く視界が利かない状態で、自分の土地でありながら、その形態が分からない始末だった。草刈機は怖くて使えず、夫は大鎌、私は小鎌で草や笹竹の刈り取りを始めたのだが……半日かかっても一〇メートル四方も消化できない。こんなことをしていたら一五〇〇坪を刈り終えるのは夢のまた夢。ついに夫が草刈機に挑戦することにした。文明の機器は偉大である。あっという間に終わった。

翌年の春、花が次々に現れてきた。春龍胆もあった。急斜面なので湿気が少ないのか、小振りである。でも、青空に負けないくらい濃い青色をしており、私たちを喜ばせてくれた。

ドイツ村の近くに農免道路が開通した翌年、道の両岸に春龍胆が群生した。おそらく土と種子を混合していたのだろう。ところが花は一年だけで、次の年は、ぱったり途絶えてしまった。種子は急勾配の岸辺を転がり落ちてコンクリート道路に流されたか、生育条件に適していなかったのか。

咲ききって春龍胆の空碧し

一人静

ひとりしずか

「あんたどう、金をかけたうえに、きつい思いを、ようしなんすなあ、ワシなら一千万円抱いち寝ち暮らすがえ……」。山荘を建てるときの大工さんの言葉である。

人の価値観はさまざまであるけれど、私たち夫婦にとっては、どんなに疲れても働くことが楽しい。蔕《へた》が青々とした真っ赤なトマト、手に刺さるような刺のあるキュウリ（採りたてのキュウリには刺がある）、プリプリした濃紫の茄子などを朝採りして食べる幸せは堪らない。疲れなど吹っ飛んでしまう。そしてさらに喜びを与えてくれるのは野に咲いた花たち。

この一帯は櫟《くぬぎ》山だった関係で、切り株がたくさん残っている。そのまわりに何やら不思議な苔のような生物が無数に生えてきた。生物は徐々に大きくなり、葉がわずかに開いて、中から白い花穂が見えてきた。おくるみの中の赤ん坊のようである。一人静だった。二、三日もしたら、おくるみは完全に開いて、平凡な姿になった。そうなっては見応えがないというもの。

花は花弁も萼《がく》もなく雄蕊だけで成り立っているというのに、女性的で怪しい美しさが漂っているのは何故だろうか。

「静御前」の舞姿にあやかって命名されたと言われている。そういえば頭から薄絹の衣を被った女性に似ている。

桜草《さくらそう》

『さくら草の目――保全生態学とは何か』（鷲谷いずみ著）。題名に惹かれて読みはじめたが、学問的な内容が多く難解だった。ただ、面白い表現だな感じたのは、著者が花の中心にある「目」の表情について次のように説明していることだった。

――白いくまどりのある、ぱっちりとした涼やかな目もあれば、やや眠そうな目もある。くまどりは白に限らず、黄色い華やかなアイシャドーの目をもつものも少なくない——

私も白のアイラインで縁取られた、ぱっちり目や、目と顔の境界がない花、また、ピンクの濃いものや薄いものなど、花の顔には個性があるものだと思っていた。それぞれに美しくてかわいいが、やはり、ぱっちり目のほうに軍配をあげたい。残念ながらアイシャドーの花には、まだお目にかかっていない。

花粉の運び屋はエゾトラマルハナバチの女王だという。この蜂は農薬に弱いらしく、まして女王ともなれば集団の中の一匹であるから、よほど幸運に恵まれないと出合えないことだろう。

久住の自生地にはエゾトラマルハナバチの女王がいたかもしれない。だが悲しいことに、この自生地は跡形もなく消えて、立派な自動車道に変わってしまった。花のあった湿地帯には側溝が造られ、瓦礫だけが寒々とした空間をつくりだしていた。久住には桜草の自生地がまだほかにも残っているようなので、ぜひ保存に心がけてほしい。

このごろでは桜草の自生地が減って、長湯でもあまり見かけなくなった。第一の原因は、野焼きを行う地域が少なくなったことによる。花の生育には春先の光合成が欠かせないという。草が覆いかぶさっていたら、たちまち絶滅するというから、自生地は減少するばかりである。

愛媛菖蒲《えひめあやめ》

――すすきケ原に愛媛菖蒲の咲くところがあるらしいが確認していない――

『直入町誌』にそう書かれている。

この花は非常に気むずかしく、環境に合った所でないと育たない。

花は直径三センチほどにもなり、茎丈一〇センチ足らずの頂に一輪だけ咲く。凛として気品に満ち、ちょっと気取ったお嬢さんといった風情である。

株が大きくなると五、六本がいっせいに咲くこともあり、いずれ劣らぬ美人揃いで甲乙つけがたい。一つひとつの花の命は短いが、次々と蕾がバトンタッチして、一株が咲き終わるまでは、しばらく楽しめる。気の早い花からのんびり型の花まであり、二週間あまり草原を彩る。咲き終わると、葉は茅状になって葉脈が縦に数条入り、草の中に紛れ込む。

西日本の一部の県にのみ生育している珍しい植物で、天然記念物に指定している所もあるようだ。愛媛県では県花になっている。別名は誰故草《たれゆえそう》。「誰故にこのような可憐な花を咲かせるのだ」という意味から名づけられたという。最上級の

褒め言葉をいただいて、誰故草は花冥利に尽きることだろう。

　このごろ読書に熱中している夫は、財閥解体以前、住友の総理事をしていた伊庭貞剛さんの伝記を読んで以来、氏の人格や生き方を非常に尊敬している。晩年を過ごしておられた別荘「幽庵」での生活には特に興味を持ったようだ。「幽庵」と呼ぶくらいだから人里離れた静かな所だったに違いない。それが時代の変化で次第に開発が進み、都市化されていったようである。

　あるとき、「先見の明がありましたね」と言われ、「先見の明があればこんな所に別荘は建てなかった」と答えられたという。持てる人の言葉だと思えばそれまでだが、人柄が忍ばれる話である。

さらに御子息へ宛てた書簡は夫をすっかり虜にしたようだ。私もまた、漢詩調のリズミカルな文体に惹きつけられ、何度も読むうちに暗唱してしまった。次にその一部を紹介しよう。

「夜ハ十時ニ寝、朝八時半、平常異ならず。御安懐可被下候。（中略）石山は霜楓日々相増し山水の美、例年ニ異ならず、意外の来客、老人多忙を極め時々箒を取り、落葉を集め、是又一の養生法と活動罷在り候」

この書簡を手にして御子息はどんなにか幸せな気分になられたことだろう。私たち凡人にしても同じで、両親が元気で幸せに暮らしていることは、外国暮らしの息子にとって、なによりも嬉しいに違いない。

というわけで、伊庭さんにあやかり山の別宅にも呼称をつけることにした。誰故草に因んで「誰故庵」と名づけたまではよかったが、気恥ずかしく「誰故庵」は誰にも知られることなく二人の胸に秘めたまま。

それならばと、キエフに駐在している息子一家に「誰故庵」命名の由来と日常をしたため、花の写真と共に送った。「誰故庵」発信第一号を息子一家は心から喜んでくれた。第二号はまだだが、平成十一年、二人でパリ、コルシカ、キエフに旅した。言葉に尽くせぬほど感激したよい旅行だった。

鈴蘭

すずらん

私たち夫婦は五月、初めての海外旅行をした。

勤務地キエフから駆けつけた息子とパリで落合い、三泊のあとコルシカ島へ向かった。コルシカ島には嫁のコリンと孫のマークが先に着いている。コリンの実家で四泊五日を楽しみ、息子一家とキエフの空港に降り立った。果てしなく続く穀倉地帯の中を、車は一時間ほど走っただろうか、やっと市街地に入った。ビルの二階まで届きそうなマロニエの街路樹は真っ盛りで、白い花は帝政ロシア時代の古い荘厳な建物によく似合う。

翌日コリンが、「これだけで百円ですよ」と鉢に活けた鈴蘭の束は、四束か五束はあっただろう。三十本前後の花茎が一束になっていて、周囲に葉を四、五枚、巻いて紐で結わえてある。

日本でも北海道には多いようなので、キエフでは植えておけば余り手間をかけずに育つのかもしれない。その日は鈴蘭日和だったのか、訪れたお客さんからもいただいて、出窓や応接間を飾った。フランスでは五月の花と言われ、五月一日

に鈴蘭を贈ると、受け取った人には幸福が訪れると言われているそうだ。いただいたのは五月一日ではなかったけれど、少しだけ後のことだから、幸福のお裾分けが訪れたかもしれない。私たちが帰る日まで一週間近く、花はまだしっかりしていた。

鈴蘭は蘭という言葉からラン科を想像するが、ラン科ではなくユリ科である。鈴のような形と蘭に似た姿から鈴蘭と呼ばれる。

北欧に咲く花を見たいと思った夫と私は植物園に行った。濃紫、赤紫など、さまざまなライラックが咲き、牡丹の花が散りはじめていた。珍しい花木を知りたいと思っても表示がなく、案内の人もいないのは残念である。

キエフは五月から八月までの三か月が、一年で一番よい時期で、九月になると、いっせいに木々は葉を落とし、長い冬に入るという。

散歩に行った公園でマークが熱心にたんぽぽを摘んでいる。片手いっぱいになったとき、結わえてくれと息子に差し出した。どうするのかと聞いたら、ママにブーケを作ってあげるのだと。女の子ならいざ知らず、たんぽぽのブーケとは、やはりヨーロッパの血がそうさせるのだろうか。

街角で若い男性が一本の赤い薔薇を持って急ぎ足で歩いて行った。どなたかへのプレゼントだろう。ヨーロッパではパーティーに招待されても手土産を持参する習慣はないらしく、一本の薔薇でも差し上げれば気持ちが通じるのだという。

形式にこだわらない民族の心をかい間見た思いがした。世の東西を問わず一本の草花にも人は心を慰められるものである。

たんぽぽのブーケをママへプレゼント
正装でオペラ見物リラの花

金蘭

きんらん

鈴蘭と前後して金蘭の開花が始まった。義兄の櫟山に生えていたのを分けていただき、二、三年前、植えたのだけれど、相性が悪いのか、枯れもしないが増えもしない。種子はつくのだが繁殖しないのである。このぶんではいずれ絶えてし

まうことは目に見えている。気候風土の微妙な点が合致しないのだろうか。それでも毎年、蘭特有の縦線の入った笹様の葉が交互につき、三〇センチ余りの茎の先端に卵状の蕾が数個ほどついて私を喜ばせてくれる。

蕾は薄緑から黄緑へと変わり、縦に一本の線が入る。さらに黄金色へ変わると同時に線に割れ目ができてくる。開花の始まりである。

晴れた日の朝、蕾の割れ目が徐々に開き、中から赤い蕊がちらちら見え隠れしてきた。人間なら花恥じらう年ごろだろうか。えも言われぬ魅力を覚えるのは、この時期である。

何日かして、花びらは蕊を優しく包むように、ふんわりと開いた。決して全開はしない。ほとんどの花は中まですべて見せてから散っていくが、この花は妖しい美しさを残したまま散っていくのである。

このことに気づいたのは今年の花を観察してのことで、昨年まではチラリだけが何日か続いて、そのうちに散ってしまったと思っていた。きっと見落としたのだろう。従って「ちらり美人」、あるいは「眠れる森の美女」などと勝手に呼んでみたが、今年は「王朝美人」とでも名づけようか。太陽の光がないと開かないことに気づいたのも今年のことである。

銀蘭という種類もあるが、こちらは杉林の湿った暗い場所に生えている。

春蘭《しゅんらん》

「ジイババがあったで、持っち帰らんせ」

義姉が掘ってくれた春蘭も、金蘭と同様、長湯には向かないようだ。昨年は三本咲いたのに、今年はついに一本だけになった。

今までに長湯の山で春蘭を見かけた記憶がない。あるいは私が目にしないだけで、どこかに生えているのかとも思っていたが、そうでもないようだ。地質が合わないのか、それとも気温の関係だろうか。

この花はシンピディウムと同属で、あまり香りがない。葉の形はよく似ているが、茎や花は少し違うようだ。透明な袴を着けた茎がひょろりと伸び、先端に黄緑色の一花をつける。別名をジジババ、またはホクロと呼ぶ。

透明な茎は頼りない感じもするが、非常に花持ちがよく、一か月近くも花は咲きつづけた。

今年は一本だけなのでババ様かもしれないと思い、気を入れて撮影したら、実物よりエレガントな写真になった。

来年も是非咲いてほしいものだ。
春蘭の頭にひとつ土ぼくろ

草木瓜

くさぼけ

長湯に住む知人が、うちの山にはタケウメが生えているという。タケウメという名は子供のころから聞いていたが、見たことは一度もない。ウメというからには梅のような実が成るのだろうし、実が成るからには花が咲くはずである。梅の花なら咲く時期は春だろう。色は赤かピンクか白だと見当をつけてその山に行ってみたが、それらしいものは何も見つからなかった。

ある日、娘が山野草の本を買ってくれた。上野哲郎著『九重花便り』という本である。その中に草木瓜の花と実

の写真が載っていた。九重地方では「長者梅」または「じなし」と呼び、雌雄両木があるという。花は園芸種の木瓜と色も形も同じである。実は秋に熟すが、生では酢っぱくて食べられないという。焼酎漬けにすると薬酒になるらしい。写真で見る限り、実は梅というより梨に近いように思える。漢字では「地梨」と書くのではないか。

九重の「長者梅」が草木瓜なら、直入のタケウメも草木瓜に違いない。長年の謎が解けた思いである。そんな折のこと、

「○○さん方にはタケウメがあるんで、夏には梅のような実が成るし、春には赤い花が咲いち、そらあ、美しいわあ」

家を訪れた人が教えてくれた。早速、見学させていただいたが、花は終わり小さな実がついていた。

翌年の春、山桜を撮りたくて峠に登ったが、山の桜もおおかた散っていた。うっすらと霞のかかった遠い山並と、眼下に広がる山村風景を眺めただけで満足して下山を始めた途中で、思いがけず意中の花と出合うことができた。

道端の草の中で赤い小さな花が刺のある茎に無数につき、地面にへばりつくようにして群れていた。これこそ野性の草木瓜である。枯れた茅と苔の中で、そこだけが華やかである。夢中でシャッターを押した。因みにタケウメを漢字で書けば、「岳梅」ではないだろうか。

この花は、どうも枝の根元の方にだけ花が咲き、枝先には花がつかない性質を持っているようだ。私は枝先の方を二〇センチばかり手折って失敬することにした。挿し木をしてみようと思ったのである。しばらく水に浸して水分を吸収させたあと、半日陰の場所に直挿しにした。よほど活着のよい種類らしく、葉は緑を増し大きくなっていった。

秋になり掘りあげてみると、すでに根が出ていたので、日当たりのよい玄関入り口の花壇に移した。

翌年には枝が四方に広がり、折り重なるように真紅の花が咲いた。年末に少し暖かい日が続いたと思ったら、一輪の花が交代で咲くようになった。健気な花だと感心していたところ、思いがけず初雪に見舞われた。それでも雪の上で、花はまだ頑張っている。急いでカメラに納めた。それを見届けたように、その日のうちに花は散り、蕾は枝についたまま黒く凍えた。

夫が「この花は季節が分からんからボケと言われるんじゃないのか」と冗談まじりに言う。

夏目漱石は「草枕」で木瓜のことを次のように書いている。

――木瓜は面白い花である。枝は頑固で、かって曲がった事がない。そんなら眞直かと云ふと、決して眞直でもない。只眞直な短かい枝に、眞直な短かい枝が、ある角度で衝突して、斜に構えつゝ、全體が出來上がって居る。そこへ、紅だか白

だか要領を得ぬ花が安閑と咲く。柔かい葉さへちらく着ける。評して見ると木瓜は花のうちで愚かにして悟ったものであろう。世間には拙を守ると云う人がある。此人が來世に生れ變ると屹度木瓜になる。余も木瓜になりたい。――

「拙を守る人」というのは間違った意見を正そうとはしないで、強引に押し通す人のことだという。文豪に出合ったばっかりに、木瓜の花は縦横無尽に切りまくられ気の毒である。

今年初めて花壇の草木瓜に実がついた。気がついたときは青梅の大きさになって団子状にくっついていた。摘果しないで放っておいたのに、一個の落下もなく、木にへばりついたまま秋には黄色に熟した。

寒木瓜のただ一輪の日差しかな

薊と野茨

あざみとのいばら

翁草、愛媛菖蒲、菫など草丈の低い花が終わると、草原の草も次第に伸び、薊《あざみ》の花が咲き始める。

子供のころ飼育していた兎の餌は薊の葉や茎だったが、彼らの世界もグルメに

なったようで、裏山に住みついている野兎は薊に見向きもしないで、キャベツ、愛媛菖蒲、撫子などの新芽を荒す。子鬼百合の茎がまるで鎌で削ぎ切られたように、ばっさりやられて不審に思っていたら、犯人は野兎だった。愛らしい姿からは想像できない荒仕事をするものだ。

銛薊《もりあざみ》と呼ばれる種類は牛蒡根で食用になるらしいが、まだ出合ったことがない。信州では春先に根を掘り「山牛蒡の味噌漬」として売られているとか、一度食べてみたい。

春に咲くいかつい薊に比べて、夏から秋にかけて咲く野薊は葉が柔らかくて小さく、茎はすらりと伸びてやさしい。

夏薊のころになると、野茨の白い花も咲き始める。どちらも素朴で美しい。野茨には園芸種の薔薇のような華やかさはないが、清楚な感じに私は惹かれる。

童は見たり　野中のばら
清らに咲ける　その色愛でつ
飽かずながむ　紅におう野中のばら
（訳詩・近藤朔風）

いい花はいい歌になる。「あざみの歌」にも言い知れぬ叙情が溢れている。

山には山の愁いあり　海には海の悲しみや
まして心の花園に　咲きしあざみの花ならば
いとしき花よ汝はあざみ　こころの花よ汝はあざみ

さだめの径は涯てなくも　かおれよせめてわが胸に
（作詩・横井弘）

ヨーロッパ旅行をした折、コリンの実家に初めて伺った。パリから飛行機で一時間半、コルシカ島の県都アジャクシオである。

コルシカ島には四泊五日の滞在だったが、中の一日をマルタン（コリンの父）と息子、それに私たち夫婦の四人でドライブをした。マルタンとブヌワット（コリンの母）の故郷マリニャナとキダツを目指して北へと海岸線を走行。沖縄の海よりまだ青く澄んだ地中海を左に見ているうちに、車は山の中へと入って行く。花崗岩の赤い岩山に低木の緑が調和して、みごとな風景である。遠くに残雪の山々が見えてきた。車を止めてカメラのシャッターを切る。

途中、親戚が経営するホテルでひと休みして、キダツに到着したのは正午ごろ。マルタンの姉夫婦や妹が温かく迎えてくれた。古くからの顔見知りのような親しみを覚える。きっと人柄のせいだろう。

山ひとつ隔ててマリニャナに着く。ブヌワットは一人娘なので、家は別荘としてマッソニー家（マルタン一家の姓）が使っている。石造りの家は、なんと壁の厚さが一メートルほどもあるのには驚いた。これでは何百年経ても壊れることはなかろう。往路は海岸線だったが、復路は山手沿いを走った。花崗岩だけかと思ったら、意外に草原もあり、大木の林もある。小高い広場で休憩しているとき、野茨の白い花が咲いているのが目にとまった。懐かしいものに逢ったような気が

して、

「これは日本では野茨という名前で、野に咲く薔薇です」

私はその花を指さした。

「そうです。これは野性の薔薇です」

マルタンもそう答えた。そして、

「青い実が成っている木があるでしょう、あれは日本にもあるはずです。夏になると赤く熟して美味しいのです」

という。近寄ってみると、それはどう見ても「楊梅《やまもも》」に違いなかった。

苧手巻
おだまき

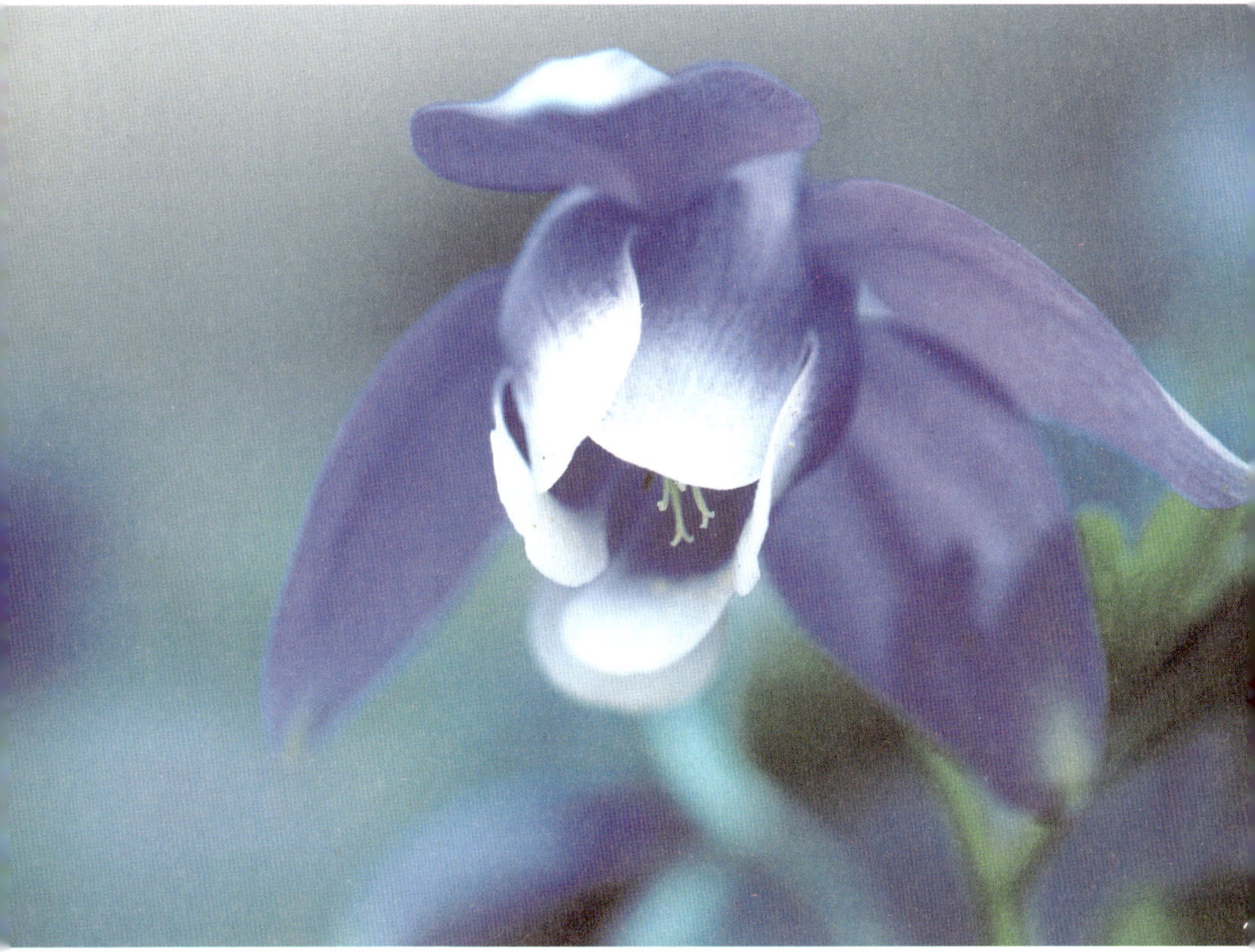

苧手巻の名前の由来は、糸車に花の形が似ていることからきているようだ。

この花はキンポウゲ科で、鉄線やアネモネと同じ仲間である。種子は交雑しやすいので、いろいろの種類を植えておけば、変わった形の苧手巻を楽しむことができるかもしれない。高温多湿は嫌いで、夏に涼しい所であれば、実生で自然繁殖する。

大分の裏庭に植えたまま手入れを怠っていた苗は、咲くことも増えることもできずに細々と生きつづけていた。四、五年前、長湯に移し植えたところ、大株になり子苗も孫苗も生まれている。

豪華な花ではないが、個性的な姿をしている。真上から見ると花弁の先のあたりが、くるくると巻いて貴婦人が帽子を被ったようでもあり、真正面からは動物の顔のようでもある。

昨年のこと、何気なく写した写真が思いのほかよく撮れたが、コンテストでは上位に入れなかった。娘は遠慮がちに「花が少し淋しすぎるからではないか」という。バックをもっと濃くすればよかったのかもしれない。

今年もカメラを向けたが、やはり昨年の写真の方が私にとっては捨てがたい愛着がある。せめて本の一ページに載せ「よく写ってくれたね」と褒めてやりたい。

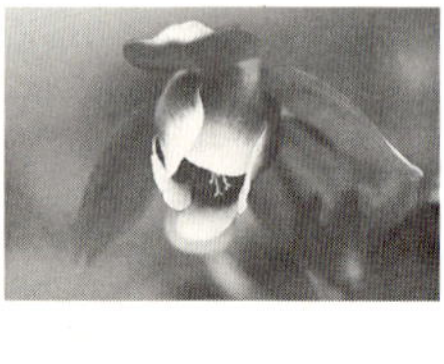

小葉の三つ葉躑躅

こばのみつばつつじ

五月七日から二十日間ばかり海外旅行をすることになったので、その前に小葉の三つ葉躑躅を見に久住に出かけた。久住山の登山口あたりは、大木の三つ葉躑躅があり、よく花をつけていたのだが、その年は一つの花もなく葉芽ばかりが目につく。自然現象に特別な異変はなかったと思うのだけれど……。ただ、気になることのひとつとして、平成八年ごろだったか、硫黄山が水蒸気爆発を起こした。それとの因果関係はどうなのだろうか。爆発以降、私も出かけてないので、その間のことは、わからないが、期待していた昨年も今年も花は咲かずじまいである。

何百年という悠久の中で生きている生物のことだから、咲いたの、咲かないのと、せっかちに考えること事態がおかしいのかも。

私の勘違いかも知れないが、火山灰土には躑躅は育ちにくいと聞いたような気がする。そういえば、豊肥線沿線では山躑躅をよく見かけるが、久住・直入には少ない。その代わり、小葉の三つ葉躑躅は直入にも点々と咲いている。どちらも山躑躅に変わりはないと思うが、植生が違うのだろうか。

小雨の朝、深い霧が山を覆った。霧の間に間に紅色の花が霞んで見える。幻想的な風景である。

花が咲き終わると、一か所から三枚の葉がトランプのクラブの形に上向きに出る。まだ開き切れない幼葉のころは、折り鶴のようで躍動感がある。

咲いてよし葉芽もまたよし山つつじ

なつ

野花菖蒲

のはなしょうぶ

以前に阿蘇の野草園で姫百合の苗を買い求めたことがある。長湯は高冷地なので育つに違いないと思い、庭の一等席に植えた。排水はよいし、多少は木陰になるし、条件は最高と思ったのだが、翌春は芽を出さず、掘ってみると球根が腐敗していた。今度は風通しのよい草原の頂上に植えることにして、九重の「野の花の郷」に出向いた。男池を過ぎてしばらくのあたりで霧が出てきた。千町無田《せんちょうむた》と思える地点にたどり着いたころ、視界は全く利かなくなった。進むも戻るもならず、かといって、止まることもできず、のろのろと一寸刻みで動いているうちに、霧のトンネルを、どうやら抜けた。結局、姫百合は手に入らずじまいだった。

帰りは霧も晴れて、想いは叶わなかったけれど、ドライブを楽しめただけでも幸せだった。さらに野花菖蒲にも出合うことができた。

帰り着くと、庭の野花菖蒲がほころびはじめていた。線形の葉と、しなやかで細い茎、筆の穂先のように、すーっと伸びた濃紫の蕾は、それだけでも美しいが、やがて、ゆっくり、ゆっくりほぐれて、赤紫へと変化していく。雨に濡れた赤紫

の花びら（萼《がく》？）はビロードのような光沢を放ち、どことなく愁いを含んだ表情に見える。清楚で気品のあるこの花も、私のシャッターを何十回浴びたことだろう。野に咲く花には媚びがない……だから私は好き。勿論、園芸種の花も好きである。

花菖蒲座る目線の高さかな

夕萓

ゆうすげ

梅雨明けが近づくと、長湯の森では蜩《ひぐらし》がカナ、カナ、カナと鳴きはじめる。それがたとえ六月であっても、私は気象台の発表を待つまでもなく、梅雨は終わったのだと思っている。夕萓が咲きはじめるのも、ちょうどそのころである。そして、蜩が姿を消す八月の中旬には夕萓も散っていく。

季語のうえでは、夕萓は夏の花であり、蜩は秋の虫である。同時期に現れる花と虫が、なぜ季語が異なるのだろうか。

夫は子供のころ、夕暮れまで野良仕事をしている両親を子供たちだけで待ちながら、裏山で鳴く蜩の声に寂しさを感じたという。たぶん子供たちだけでの心細さと蜩の声が相まって、いっそう寂しさを誘ったのだろう。確かに蜩の声には、もののあわれを感じさせる何かがあるようにも思える。なべて秋の虫には寂しさがつきまとう。法師蟬しかり。あの声を聞くと過ぎゆく夏を寂しく思い、肌寒くなる十月になってもまだ鳴いていると、哀れにさえ思える。

逆に、シャーシャーと鳴く油蟬は、暑さをかきたてるばかり。このごろ少なくな

ったミンミン蟬も夏のけだるさを誘うだけである。やはり夏の虫である。その点、蜩は夏に現れながら秋の雰囲気を感じさせる。秋の季語もそのあたりにあるのではないかと勝手に解釈している。

暑い太陽が連山の彼方に沈み、あたりに夕闇が迫るころ、蜩が鳴き夕菅の開花がはじまる。花が満開になるにつれて蜩の競演もたけなわになる。それは薄暮の中でゆらゆらと揺れる夕菅への応援歌のようである。

七月の終わり、孫息子と孫娘が里帰りして長湯に一泊したときのこと、蜩がせわしく鳴きはじめた。

「あれは、蜩という蟬だよ」と私。

「うるさいほどの鳴き声だね」と孫娘が言った。

「蟬が鳴く競争をしているんだろうね」。私はいい加減なことを言ってしまった。

「競争ってなに？」。とまどっている私に、さらに言葉が続いた。

「蟬は自分の子孫をできるだけ多く増やすために、雌を誘って鳴いているんだよね」

恐れ入った。全くそのとおりである。

今の世の中、子供といえども、いい加減な話や夢物語りは通用しなくなってきた。もっと現実的で理論的である。人間が宇宙に行く時代なのだから当然のことだろう。杜鵑《ほととぎす》が「父ったんどこいたか、父ったんどこいたか」と父親を探して鳴

いていると思っていた私の小学生時代とは隔世の感がする。

この時期、裏の草原では夜ごとに夕菅のショーが繰り広げられる。一般的には夕方から翌日の午前中まで咲くと言われているのに、この花は人見知りなのか、朝の七時ごろには萎む。今日は咲きそうだと思える蕾は朝から膨らみ、夕方には甘酸っぱい香りがあたりを包む。

レモン色の花びらは細っそりとして儚げで、すーっと伸びた花首は美人のうなじのよう。竹久夢二の世界を感じる。美人薄命、わずか一夜の命にはいかなるロマンが生まれるのだろうか。

ある日の昼過ぎ、入道雲が久住連山の上からモクモクと沸き上がり、あたりが暗くなりはじめた。それにつられて夕菅が開き蜩が鳴きだした。自然現象は時として生物や植物の勘を狂わしてしまうようだ。

河原撫子

かわらなでしこ

山へ登る径端に植えたクルメツツジが大株になった。野性的に育てる意味で丸く剪定することは止めて、手間はかかるけれど毎年、花柄を摘むよう心掛けている。その甲斐あってか野性味を帯びてきたようだ。まわりの草が余りにも伸びたので、丁寧に鎌で刈り取ったのはよかったが、なんと、大株クルメツツジの中に小鳥が巣を造っていたのには驚いた。草で巧みに編んだ丸い巣は、片手に乗るくらい小さくて、鶉《うずら》の卵より少し小さめの卵が二つ並んで、親鳥の姿はない。草を刈り取られたので逃げたか、その前から巣を放棄したか、どちらかだろう。もし草刈りのせいであればかわいそうなことをした。

それから四、五日が過ぎ、今日覗いてみたら卵はなくなっている。カラスにでも攫《さら》われたのだろうか。空の巣がなんともむなしい。

草花にばかり目が向いて、小鳥には気が回らなかったが、このあたりは野鳥も多く、きっと別の場所でも産卵が行われているに違いない。

今日は七月十七日、大分はまだ梅雨が明けない。月初めに晴天の日がつづき、気温は三十五度近くになった。夕菅が咲き、蜩が鳴きだした。大分では熊蟬も鳴いている。なのに……、ここのところ雨模様つづきで生物たちも戸惑っていることだろう。

草原で撫子が五輪咲いた。仲間より一歩さきがけて咲くものもあれば、北風の吹くころになって咲く撫子もある。どちらも特別かわいい。

平江帯

ひごたい

不思議な形をした花である。野の花らしからぬ人工的な雰囲気を持っている。葉や茎が薊《あざみ》に似ているが、薊とは別種のキク科である。原産地は西アジア及び東部ヨーロッパで、ギリシャ語ではエキノプス・リトロという舌を噛みそうな学名がついている。「針ネズミに似ている」という意味だそうだ。なるほど花には針ネズミのような突起がある。

では、和名の起源はどこから来ているのだろうか。なぜ平江帯と書きヒゴタイと読むのだろうか。別名の瑠璃玉薊のほうが、花の持ち味を上手く表現しているように思えるのだが……。

直入地方では盆花と呼んでいる。

茎丈は一メートルほどもあり、中程から左右に両手を突き上げた恰好で二本の茎が上向きに伸び、中心の茎と合わせて三本の茎に、それぞれ一個ずつの花が咲く。球形の地肌は萌黄色で、突起のある薄紫の花弁（？）が外に向かって放射状に伸びる。薄紫から濃紫に変化したとき、ピンポン玉の大きさになる。このとき

が最も美しく、瑠璃玉薊と呼ばれる所以だろうか。やがて、中心花の頂上部分が白と紫の縞模様になる。これが開花なのだろう。

中央の花が開花したころ、両脇のボンボンはまだ蕾で小さく、「誰にも触れさせないぞ」という構えをしているが、スポーツ刈りをした少年の頭のようでかわいい。お母さんが男の子二人と手をつないで歩いているようにも見えるが、たまには一人っ子や三人っ子もおり、人間の世界と共通している。

平江帯の里へとつづく夏野道

鹿子百合

かのこゆり

　竹田から長湯への旧赤岩街道は、私たち二人のドライブコースになっている。いつも見慣れている風景なのだが、ときどきハッとするようなきれいな花に出合うことがある。鹿子百合に目を奪われたのも、そんなときだった。高台の家の前に群生している鹿子百合は圧巻だった。

　あの百合を一株欲しい。私は思いきって電話でお願いしてみた。快い返事をいただいて、後日、心ばかりの手土産を持って訪れると、感じのよいおばあちゃんがおられ、

「ここに用意しております」

と指された袋を見てびっくり、大きな米袋にいっぱいの球根が入っていた。恐縮している夫と私に、

「まあ、上がってお茶をおあがんなさいまし」

母や義母を思い出すような言葉になつかしさを感じたが、

「いえ、もうこれで失礼しますから」

おいとましようとする私たちを追いかけるように、

「朝茶は断るもんじゃありません」

幾年ぶりに耳にした言葉だろう。田舎の原風景を見たような気がした。私も必ず朝茶を口にする習慣は今でも持ちつづけている。一杯のお茶を飲むことで、その日一日が無事に過ごせるような気がする。

「お茶でも飲んで、ゆったりとした気分で一日を始めよ」。昔の人は、そのような意味で朝茶をすすめたのではないだろうか。

温かい言葉に誘われてお茶をご馳走になった。胡麻をたっぷり振りかけた胡瓜の漬物を手の平に受けて食べる仕種は久しぶりのことで、その味は永い間、忘れていたおふくろの味である。車が見えなくなるまで庭の端に立って見送ってくださったおばあちゃんの姿を忘れられず、畑にできた桃を手土産に久しぶりに訪れたが、おばあちゃんから生気が消えていた。心配である。

山百合
やまゆり

竹田地方では山百合のことを「箱根百合」と呼ぶ。岡城の藩主、中川公が参勤交代の折、箱根から持ち帰り城内に植えたことから、「箱根百合」の名がついたと言われている。そのため竹田近郷に多く、離れた地域では余り見かけない。

球根は、ほろ苦さと自然の甘味が調和して上品な味わいがあるという。しかし、食用にするなどとは、とんでもないことで、一本でいいから植えたいと思っていた。

そんな折のこと、長湯の家に訪れたお客さんと夫との間で花談義が始まった。山百合に話が及ぶと、「私の家には、かなり増えているので差し上げましょう」ということになったらしい。

遠慮なく二人でお伺いすることにした。ちょうどご主人が球根を掘っておられるところだった。一個でいいと思っていたのに、たくさんの球根をいただいて、口べたな私は感謝の気持ちをうまく表現できずに、ただただ恐縮した。

どんなに物が豊富にあっても、人様に差し上げるのは惜しいものである。まし

て貴重品であれば尚更である。奥様がまた気さくで温かく、初対面とは思えない親しさを覚えた。

鹿子百合のおばあちゃん、そしてこのたびの御夫婦、百合を通して私たち夫婦は素晴らしい出合いを経験した。この忙しい世の中で、人々は優しさを忘れようとしている。青少年の荒廃も、いじめも、原点は「優しさ」をなくしたことにあるのではないだろうか。私たち一人ひとりが考えねばならない時期にきていると思う。

子鬼百合

こおにゆり

旧盆の一週間前、私の実家がある集落では、墓掃除を済ませたあと花を供えてお参りをする習慣になっている。その日の子供たちは朝から忙しい。近くの草原へ花摘みに出かけねばならないからだ。子鬼百合、撫子《なでしこ》、女郎花《おみなえし》、檜扇《ひおうぎ》、折り花、桔梗《ききょう》などを紐で結わえて、やっと抱えて帰ったものだ。中でも子鬼百合は王者だった。一本だけでほかの花たちを圧倒するだけの華やかさを備えている。

　赤味を帯びた橙色に茶の斑点がある六枚の花びらは反転し、中から六本の雄蕊と一本の雌蕊が外に突出したように反転する。蕊の先端には長さ一センチほどの半月形をした紅色の花粉がつき、花は斜め下向きに咲く。一つひとつの花は西洋人形の目のような表情をしており、雄蕊と雌蕊は睫毛にも見える。

　茎丈が長く、花も大きく豪華であるにもかかわらず、可憐で優しい感じがするのは、花の形にあるのだろう。下から順に咲いて長く楽しませてくれるし、切り花にしても、多少は色褪せるが、最後の蕾まで開花して命を全うする。

　直入の山野にたくさんあった子鬼百合だが、最近はあまり見かけなくなった。それでも我が家の草原ではかなり増えていたのに、思わぬ侵入者によって無残に荒らされた。

　六月はじめのこと、草原のいたる所に穴があき百合根は掘り返され、茎は放り投げられ、この原っぱで何が起こったのか、とっさの判断に迷った。それは、桃を諦めた猪の仕業だった。子鬼百合が減ってきた原因の一つは猪だったのだ。

下野草 しもつけそう

小高い草原の中腹に清水の湧き出る場所がある。そこには下野草や猩々袴《しょうじょうばかま》など湿り気を好む花が咲いている。猪が水飲みにやってくるのか、大きな足跡や、ぬた場の跡があるが、花を傷めたようすは見当たらない。

花が咲きはじめると、私はカメラを持って逢いに行くことにしている。紅色の小粒を散りばめたような蕾が、もみじ形の葉の上に現れると、開花が間近になる。それは珊瑚か七五三の花かんざしのようである。一粒一粒が開きはじめるとピンク色に変わり、祭りの夜店で売っている綿菓子を思い出す。バラ科に属し、草丈は六〇センチほどになる。野茨《のいばら》や吾亦紅《われもこう》、春に咲く雉筵《きじむしろ》、山吹も同じ仲間である。

この花は現在の栃木県、旧下野の国で最初に見つけられた繍線菊《しもつけ》と花がよく似ているので、下野草と名づけられたという。非常に紛らわしいが、シモツケとシモツケソウは別の花である。

京鹿子もよく似た花で、二十日ほど早く杉林の入り口に咲いた。下野草の改良種だと思うが、茎も花も鮮やかな紅色で、前者が山の乙女なら、こちらは京の舞

姫だろうか。

　それにしても、京鹿子とはおしゃれな名前である。下野草も「鹿子草」と改名したらどうかと思ったが、鹿子草と呼ぶ山野草は別にあった。薬用植物として栽培もされている。

花忍

はなしのぶ

旧盆が終わると山里は急に秋めいてくる。そのころになると、母は部屋に紐を張り、着物の虫干しをするのが例年の習わしになっていた。私は着物の下をくぐったり触ってみたりして、はしゃいでいたような気がする。毎日、野良仕事に明け暮れている母が、その日は何故か華やいで見えたからかもしれない。

地味な着物が多い中で特別に私を惹きつける一枚の長着があった。それは淡い紫地に秋の草花を描いた単衣《ひとえ》の色留袖である。私はその着物が大好きで、大人になったら着てみたいと思っていた。しかし風通しが悪く湿度の高い納戸に置かれた箪笥の中で、着物は徐々に性を失い、和紙のように脆くなっていった。そして、とどめは戦後に流行した素人芝居の舞台衣装となり、立ち回りを演じられたから堪らない、縦に何本もの裂け目が入り、着物としての機能をなくした。すでに影も形もなく、忍ぶほかはない。

ある日、阿蘇の野草園で魅惑の花に出合った。薄紫の上品な花びらと金色の花粉が絶妙に調和して、気品のある華やかさを漂わせていた。その花の名は「花忍」と呼ぶ。なんと幻想的、かつ文学的な呼び名だろうか。葉の形がシダ類のシノブに似ているためハナシノブの名がついたと言われている。シノブを「忍」としたあたり、心憎いばかりである。希少野性植物に指定され、幻の花と言われている。

苗を買って長湯に植えたことがあるが、一、二年花が咲いたあとに絶えてしまった。やはり幻の花である。忍ぶ以外になさそうだ。

直入にも昔は生えていたのかどうか、子供のころ駆け回った山野に、この花がどうしても思い浮かばない。ただ、母の色留袖の絵模様の中に、その花を見たような気がする。たぶん幻であろう。

狐の剃刀

きつねのかみそり

九月ごろ咲く彼岸花の仲間であるが、この花は八月ごろ最盛期を迎える。春先の蕨《わらび》が芽を出すころ、剃刀のような形をした緑色の葉が固まって地上に現れる。落葉樹林や原野の湿気のある所を好む。球根は辣韮《らつきょう》に似て結構大きい。

山荘の檜山の陰に毎年のように群生するが、あまりうれしくは思えない。何故なら墓地に多く植えられている彼岸花と同じ仲間であるから。ただそれだけのことであるばかりに、我が家の狐の剃刀は冷遇されている。

彼岸花には死人花、捨子花、幽霊花、狐花などと、あまりよい名前はついていないが、ただ一つだけ曼珠沙華という、万人に親しまれる名前を持っている。歌謡曲や短歌に歌われ、俳句の季語にもなっている。

直入地方では野性の曼珠沙華を見かけることはほとんどない。その代わり狐の剃刀は至る所に生えている。茎の皮を残して二センチほどに交互に折り、二本の花と花を交差させて首飾りにして遊んだことを思い出す。里の人々は「折り花」と呼んでいた。

薬草を利用することのほとんどなかった父が、一度だけ民間療法を試みたことがあった。私が十歳のころだったと思うが、微熱がとれずに困っているとき、父の知人が折り花を使った療法を教えてくれた。その療法とは、球根をすりおろしてガーゼに塗り、足の裏に貼ると、そのドロドロが乾燥して身体の熱を吸収するというのである。効き目のほどは記憶していないが、少しだけこそばゆかったかなと思う。球根には毒があると聞いている。

燃える日の前のしずかな曼珠沙華

山杜鵑草

やまほととぎす

杜鵑草は秋の花とされているが、直入地方の山杜鵑草は六月から七月にかけて咲く。山際の少し湿りけのある場所を好む。白地に赤紫の斑点を散りばめた花弁が、杜鵑の胸毛の模様に似ていることから名づけられたと言われている。杜鵑の胸毛を見たことはないが、花が咲くころ山の上から、

「父ったんどこいたか、父ったんどこいたか」

と哀愁を誘うような鳴き声が聞こえる。

幼いころ父から、この鳥は行方知れずの父ったんを探して鳴いているのだと聞かされて、父ったんはまだ見つからないのかと哀れに思ったものだ。

最近になって山荘の上を鳴きながら飛んでいる姿を見かけたが、想像以上に体が大きく、かわいい鳥ではない。声だけ聞いているほうが郷愁をそそられる。

ところが先日、哀愁も郷愁も吹っ飛んだ。

私の頭の上で、

「父ったんどこいたか、父ったんどこ、ちょっ、ちょっ、ちょっ」

姦《かしま》しい杜鵑の声に思わず吹き出した。

鳴き声のしない日は忘れ物をしたようで、飛んで来るのが待ち遠しい。郭公《かっこう》のやって来るのも間もなくであろう。鶯《うぐいす》は朝となく昼となく澄んだ声で歌う。畑仕事をしながら小鳥たちの歌声を聞いていると、疲れも吹っ飛ぶようだ。

あきこ

露草
つゆくさ

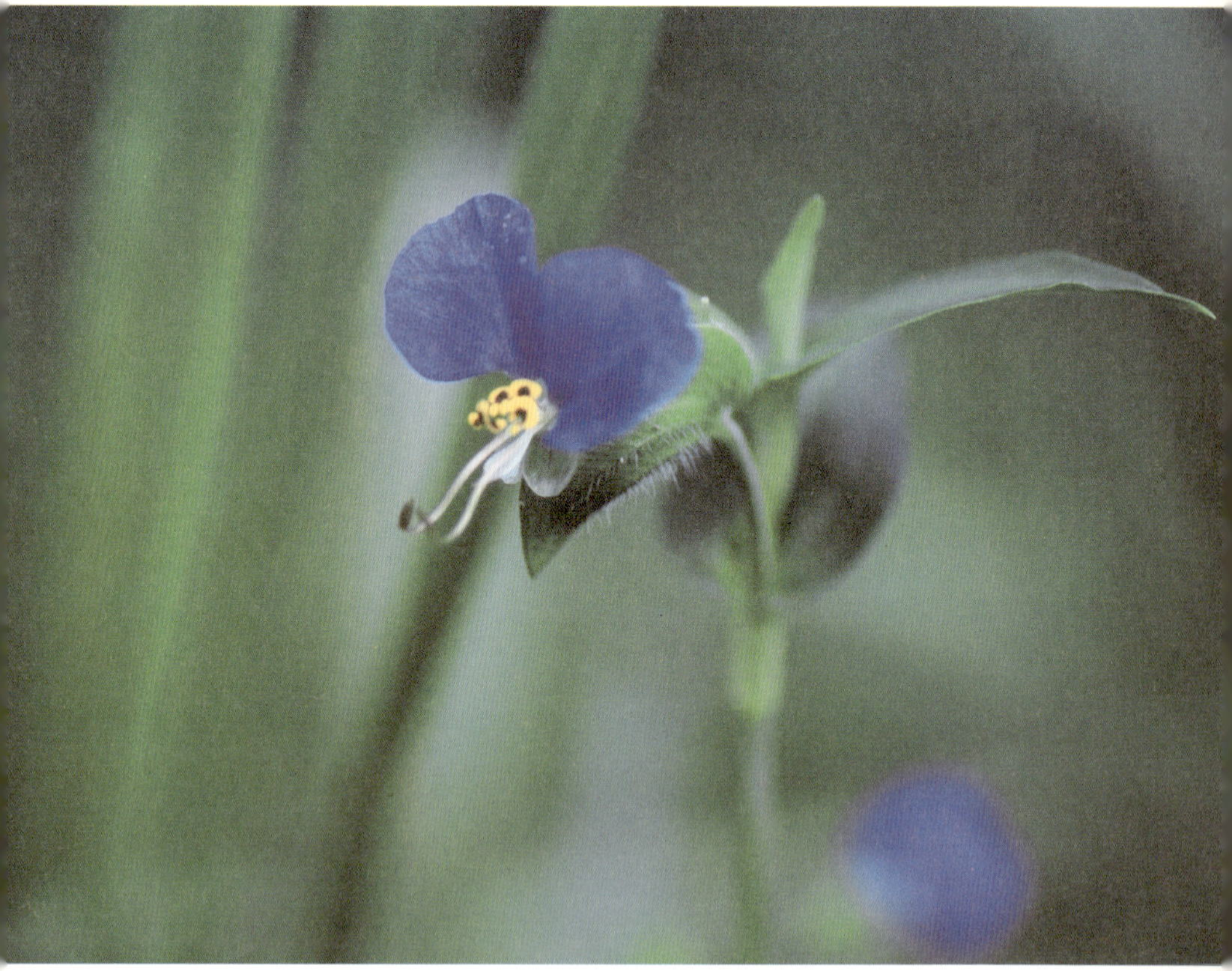

今年も露草の花が咲きはじめた。この花は日陰や湿地を好むが、日当たりのよい草の中でもよく繁茂する。

透明な秋空のもと、露に濡れた藍色の花はすがすがしく、か弱くて薄命の花という印象を受ける。

しかし外見に似ず非常に繁殖力旺盛で、畑などに繁茂し、作物にとっては厄介者である。堆肥を作るために積んでおいた枯草の上に、山のように露草が繁茂した。こうなっては、花というより草である。一、二輪が草の中で露に濡れてこそ日本人の感性に応えるというもの。

昔の人は花びらを直接、衣に押しつけて染めたという。花びらは冴えた青色の二枚が大きく、無色透明の一枚は小さい。雄蕊は六本で、二本が前方に突き出し、残りの四本は短く黄金色をしている。よく見ると人の顔のようでもあり、蜻蛉《とんぼ》のようでもある。蛍草、月草、青花、うつし花、蜻蛉草などと呼ばれている。

園芸種の紫露草は大型で花色も濃く、我が家の庭に咲きはじめて久しい。太陽のない日には花びらを閉じる性質がある。したがって、花持ちがよく長い間楽しめる。繁殖力の強さにおいては原種を受け継いでいるらしく、庭の玉砂利の中からでも芽を出し繁茂する。

露草のやさしきつゆを掌に

女郎花

おみなえし

﨟たけた美しい女性のような花という意味から名づけられた「上﨟花」が転じて「女郎花」になったという説がある。なぜ三百六十度かけ離れた漢字に変化したのだろう。また女郎花の語源には諸説があるようで、オミナメシ（女飯＝粟

飯）から転じたというようなことを本で読んだ記憶がある。女性だけが粟飯を食していたとも思えないが、女性の地位の低さを表現した言葉だろう。重ね重ね名前に恵まれない花である。

草原に自生の女郎花があるのかどうか、まだ確認していないころ、園芸種の苗を数株、草原に植えてみた。ところが、もともとあった自生のものにも花が咲いて区別がつかなくなった。茎の黄色味を帯びたものが園芸種、青いのが自生と思ったが、これもあやふやである。ただ、確かに言えることは、自生のほうが咲く時期が遅いということである。八月の終わりから十月ごろまで咲きつづける。園芸種のほうは七月から八月にかけて咲く。

この花は暑さの中で咲くよりも秋風そよぐころ咲くほうがいい。なぜなら、透明な青空と鮮明な黄金花の対比が美しいから、そして秋風はそこばくの寂しさ哀しさを秘めているから。

やがて花の命が終わるとき、花粒はぽろぽろと地上に舞い落ち、実を結ぶこともなく土に消える。まるで涙の粒のように。株元にできた新苗だけが、限られた範囲で繁殖する。

おみなえし傘のごとくに咲き揃う
おみなえし虻あそばせてをりしかな

捩り花《ねじりばな》

青々とした草原ではなく、ざらめようの土がコンクリート状に広がって、野生のラベンダーが群生していた。そこは日本ではなく、イタリア半島と南フランスに対面して位置するコルシカ島である。長さ三センチほどの花は、下部のほうが糸で縛ったようにくびれて、上部だけが花びら状に広がっていた。よく生物が生きていられると思うほど土はカラカラに乾燥して、茎を引っ張ると根元のところでプツリと切れた。眼下には地中海の碧がまぶしく、涼しい風が吹いていた。

一昨年、門前の砂利路の脇に二本の捩り花が咲いていたのを芝生に移したが、枯れてしまった。畑への往来で踏み固められた路にも一本生えていたので、同時期に移したが、これも枯れた。カチカチの固い土の中ではかわいそうとの、思いやりのつもりが裏目に出たようである。

昨秋、路端で見つけた捩り花に種子がつくのを待って芝生に播いたところ、今年は嬉しいことに一本が咲いた。
嫁から貰ったフランスの野草の本には捩り花は載っていない。乾燥地を好む点はラベンダーと同じだが、故郷は日本なのだろう。

みごとなる螺旋のふしぎ捩り花

吾亦紅

われもこう

秋の七草にこそ入っていないが、秋を代表する花である。日当たりのよい、やや湿った場所を好む。

八月ごろ、茎は五〇センチから一メートルにも伸び、九月から十月にかけて暗紅色の長さ一、二センチの俵形をした花穂になる。この花がバラ科に属するのは意外である。派手なバラとは正反対に、地味で古風な色をしているから。でも枯れたようなところに、吾亦紅の持つ味わいがあるのかもしれない。

「吾も亦、紅である」の意から「吾亦紅」と名づけられたという。くすんだ色をしていても紅色だと、胸を張るだけの魅力がこの花にはある。ときにはハッとするような鮮やかな紅に出合うこともある。

若山牧水は、

吾木香すすきかるかや秋くさのさびしききはみ君におくらむ

と詠い、「古語辞典」ではたぶん吾亦紅を指すのだと思うが、「割木瓜＝秋草の名」と記載されている。「吾亦紅」もいいが「吾木香」もいい。顔を近づけるとほのかな香りがする。それは香ばしくもなければ甘くもなく、なにか懐かしい香りである。王朝人にも賞でられ、織物の文様にも取り入れられているらしいが、古色蒼然とした文様が目に浮かぶようだ。

籠に挿す老舗旅館のわれもこう
ドレミファソ音符のような吾亦紅

現の証拠
げんのしょうこ

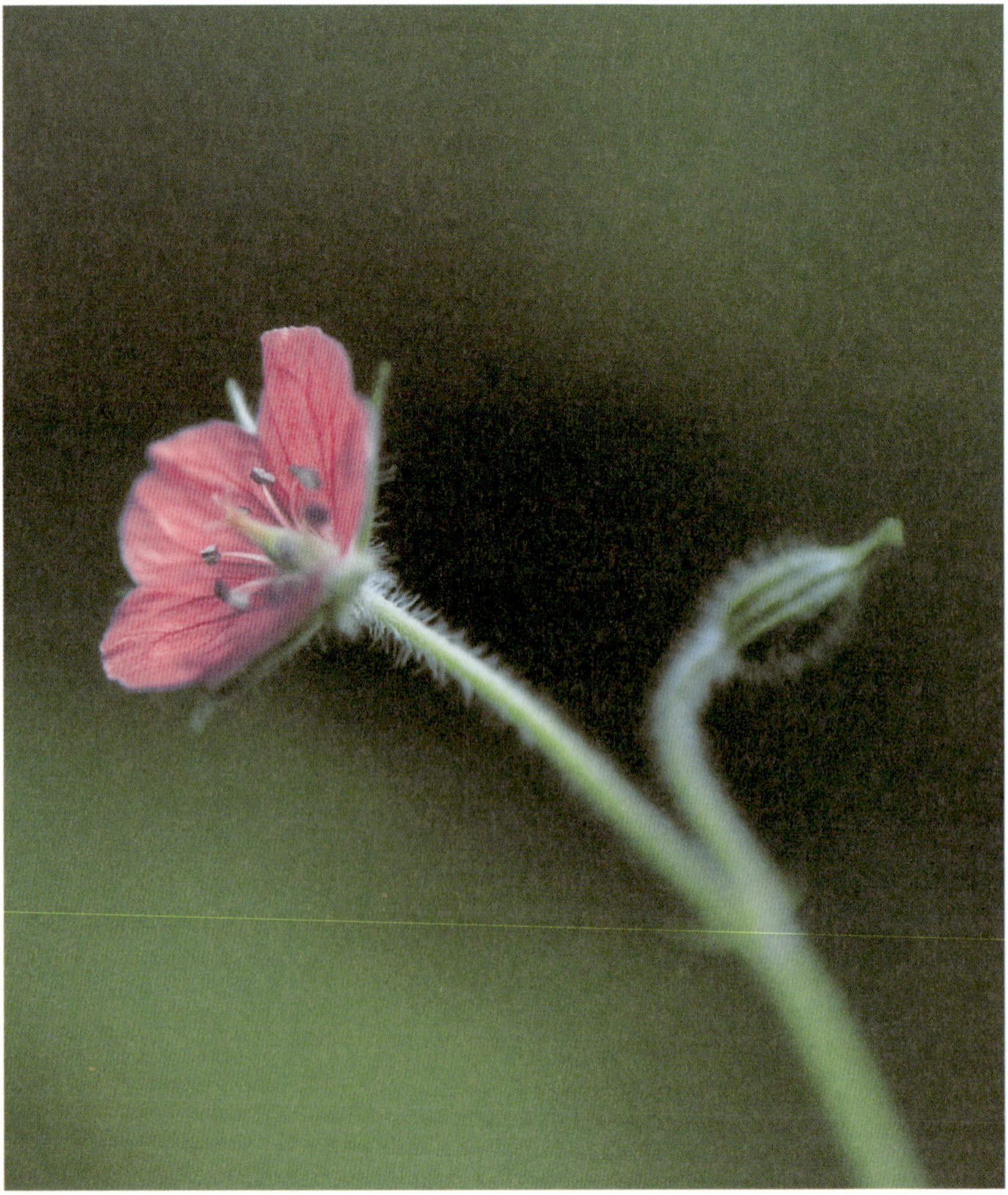

またコルシカ島で見た花のことを書いてみよう。嫁の実家の近くに野生のシクラメンが咲いていた。自生のものは五月に咲くということを、初めて知った。ミニシクラメンより、やや小さく、それはそれは可憐である。広葉樹林の縁に点々と紅色の花首が覗き、私たちを歓迎してくれているように思えた。日本からお客さんが来ることを聞いていたようで、上品な女性がにこやかに話しかけてきた。フランス語のしゃべれない夫と私は、顔じゅうに笑みをつくって頭を下げた。

球根を三個いただいて流水できれいに土を落とし、日本に持ち帰った。早速、櫟《くぬぎ》山の斜面に腐葉土を深く入れて植えた。昨年は葉が五、六枚出ただけで花は咲かずじまい。今年こそ、きっと咲くだろうと楽しみにしていたが、やはり葉が五、六枚出ただけで終わってしまった。土地に慣れたなら花をつけるのか、それとも、このまま絶えてしまうのか、来年咲かなかったら場所を変えてみよう。

シクラメンの葉が枯れて、跡形もなくなったころ、現の証拠の花が咲き始めた。花は小さくて、少しも見栄えがしないのだけれど、接写撮影で見違えるほどきれいに写った。写真のように一つの花が咲いている下段に、必ずと言っていいほど蕾が控えているのが目につく。親鳥の足元にうずくまる雛鳥を思わせる。

膝つきて現のしょうこの紅を撮る

松虫草《まつむしそう》

九月の声を聞くと、草原はなんとなく秋めいてくる。松虫草の花が咲きはじめるのも、ちょうどそのころである。

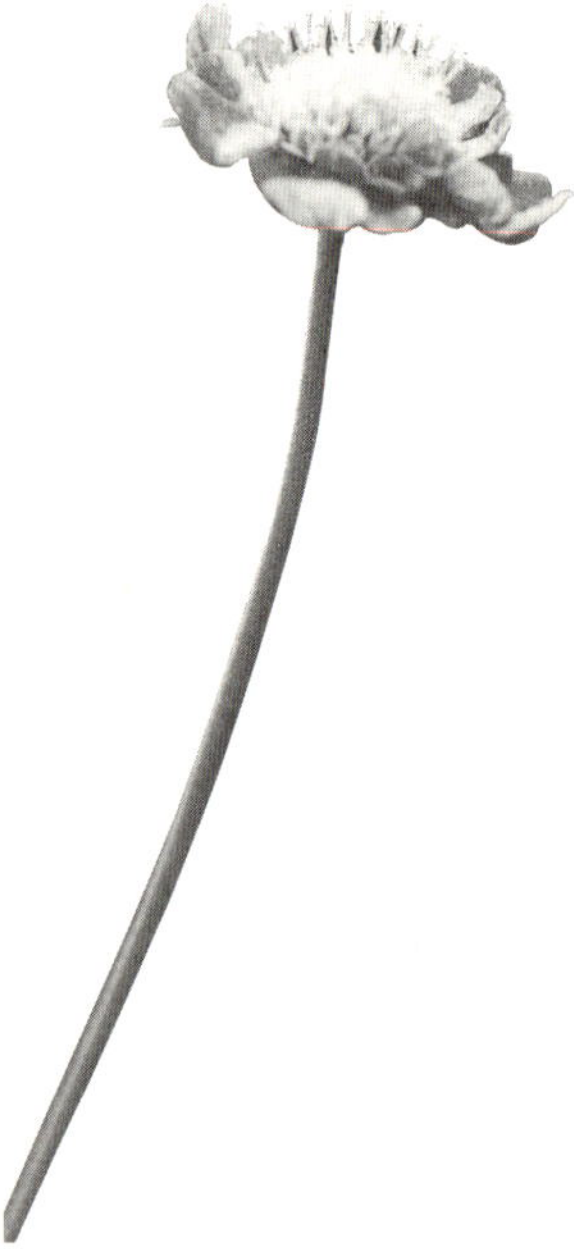

一名をリンボウギクといい、日本全国のやや渇き気味で日当たりのよい草原に群生する。夏の蒸し暑さには弱く、朝晩の涼しい草原でのみ繁殖するようだ。私の知るかぎりでは直入の奥深い原野にわずかに点在するだけで、それもすぐ近くまで檜の植林が迫り、いつまでその姿を見ることができるか心配になる。

ひとつひとつの花は直径二、三センチもあり、飾りボタンのようで美しくかわいらしい。一株に無数の茎が次々と生え、九月から十月ごろまで咲きつづける。花より大きな蝶が忙しく飛び回って蜜を吸いにやってくる。茎は非常にしっかりしていて、めったに折れることはない。花も寿命が長い。

花びらが散ったあと、その部分が盛り上がりクッションのようになる。名前の由来は松虫の鳴くころに咲くからだとも、盛り上がった形が仏具のマツムシ鉦《かね》に似ているからだともいう。

秋の終わりには種子が弾けて、翌春に芽を出す。二年草なので、その年の秋に花を見ることはない。

山荘の芝生の中に種子を蒔いたところ、よく育っているが、やはり自然の風情に欠ける。裏の草原に苗を移したが、あまり花をつけずに終わり、自然繁殖もないままに絶えてしまった。自然の花は自然に任せるしかないようだ。

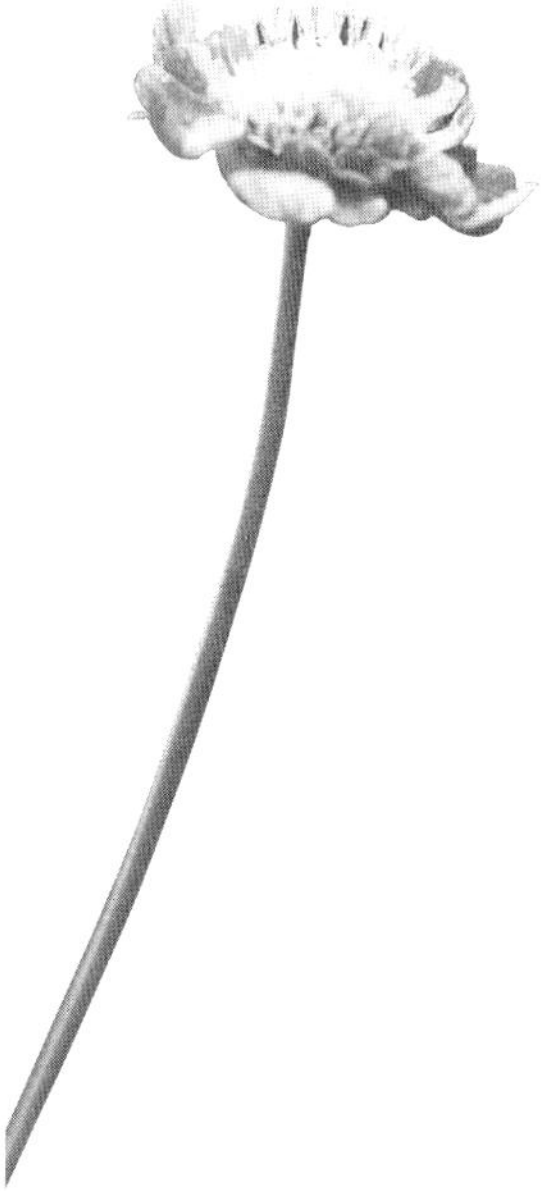

釣鐘人参

つりがねにんじん

手折られた茎のあとに
　再び新芽が伸びて
　小さな花が咲いた
秋も終わろうとしているのに
釣り鐘人参の花は健気だ

　　　　　　　風よ
あまり強く吹かないでおくれ
　　　　　　　蜂よ
あまり強く揺すらないでおくれ
　そして朝の露たちよ
いつまでも瑞々しさを与えておくれ

梅鉢草

うめばちそう

日当たりがよく湿気の多い草地や山中に自生する多年草である。花弁は五枚、梅鉢紋に似ていることから梅鉢草と名づけられた。

幅一、二センチほどのハート形の葉が六月ごろ地上に現れ、秋にかけて高さ一五センチ前後の花茎を伸ばし、頂に一花をつける。白い花弁の一枚一枚に緑の脈が入り、黄色の蕊とよく調和している。花茎の中間にもハート形の小さな一葉をつけ、おしゃれで魅力的な花である。深まりゆく秋の草原に凛と咲くこの花は、意外と気難しく、気に入った所でないと繁殖しない。

山荘と背中合わせにある放牧場には梅鉢草が群生している。花の最もきれいな時期に写真に撮りたいと思いつつ、十一月になってしまった。遅いとは思ったが、カメラと三脚を持って出掛けてみることにした。

牛は、とっくに放牧場を離れているころなのに、頂上付近には二頭の親牛がいて、こちらを見て「モーン」と二、三度鳴いたのには少し驚いた。しかし子供のころから見慣れている牛のこととて、あまり怖さも覚えず下の方へ降りていった。

予想したとおり花は時期を過ぎている。諦めて途中から引き返し二、三分も歩いただろうか、ふと、何やら後ろで気配を感じ振り向いた目前に、信じられないことが起こっていた。なんと、子牛を真ん中にした十頭前後の牛たちが、横一列に隊列を組み、私に迫ってくるのである。その差は一メートルあまりで、足音を忍ばせて近づいたらしく、全く気づかなかった。私が立ち止まったので彼らも立ち止まったのだろう。これだけの牛が何処から集まってきたのか、忍者のような牛たちを前にして一瞬、呆然となり頭の中が空白になった。体が凍りつき全身の血が引いていくのが自分でも分かった。

ときどき何かに追いかけられる怖い夢を見ることがある。もう逃げられないと思ったとき、これは夢なのだから蹲《うずくま》っていれば大丈夫、すぐに目がさめると、私はその場に座り込むのだった。しかし、このときばかりはどう考えても夢ではなさそう、夢なら声が出ないはずなのに声は出るようだ。しかし助けを求めたいと思っても近くには誰もいないのだ。絶体絶命！　と思ったそのとき、私の頭は冷静になった。あるいは度胸が座ったということか。

——彼らは襲う気はないだろう。その気があれば、下を向き尖った角を私に向けているはずなのに、顔は真っ直ぐ私を見ている。これは威嚇なのだ。追い出す手段なのだ。

不思議である。このような緊迫した状況の中で冷静な観察と思考が働くことを、

初めて発見した。少しばかり余裕のでた私は三脚を持ち上げ、

「しっ、しっ」

足で地面を蹴った。が、相手もさるもの、びくともしない。

——逃げよう！

全速力で一〇メートルほど走った。振り向くと何ということか、牛たちも一列横隊のまま追いかけて来るではないか、逃げているのになぜ追いかける？　頭が混乱した。力をふり絞って走るしかなかった。前方にイガ線（有刺鉄線）が見えてきた。それを越えれば安全圏に出られるが、もたもたしているうちに襲われかねない。しかたなく急斜面を這うようにして駆け上がった。ようやく頂上に着き見下ろすと、リーダはイガ線の位置で、ほかの牛たちは私が振り返ったあたりに残り、こちらを見ている。

——助かったあ！

途端にへなへなと腰の力が抜けた。心臓はドッキン、ドッキンと細い体を震わせ、呼吸はハアー、ハアーと忙しげに肩を揺する。とんでもない厄日だった。

牛一家の団結力のすばらしさ、リーダの見事な統率力、そしてあの訓練されたような隊列はなんなのだろう。抜き足差し足で近づくあたりは恐るべき智慧者だ、いや智慧牛だ。

「タチの悪い牛たちめ！」

私の言葉に夫が笑いながら、

「牛はのっそりしているが狡賢《ずるがしこ》いから、女、子供はナメられるぞ」

なるほど、言われてみればそのとおりで、昔、母が牛に手こずっていたのを思い出した。女ひとりでなかったら追いかけられることはなかっただろう。カメラと三脚を持っていたことが、さらに災いしたようだ。

「変な物を持った女が来るぞー」

あの「モーン」にはそのような意味が含まれていたのではなかったか。

千振

せんぶり

千振はリンドウ科だそうだ。紡錘形をした小さな花は龍胆とは似ても似つかないと思っていたが、接写撮影をしてみて納得がいった。花の開いた形は龍胆とそっくりなのだ。

子供のころ見慣れていた千振は白ばかりで、紫千振があるとは知らなかった。山荘裏の牧場には白と紫の両方が咲く。ゴルフ場の芝のように牧の草は牛によってきれいに食み取られているのに、千振や梅鉢草を残しているのはどうしてか。昔から根を煎じて健胃散として用いられている。千回煎じて振っても苦みがとれないと聞くからには、たとえ花であっても牛も口にできないのでは……。

私は胃弱なので一度試してみたいと思っているが、苦味に恐れをなして実行し得ないでいる。それに可憐な花を見ていると、どうしても口に入れる気になれない。

この花は一年草なので、今年咲いた場所に翌年咲くことは、まずない。種子がこぼれて流れ着いた先の居心地のよい所に、ひょっこり現れるので、「あら、まあこんな所に」ということもある。

種子が山から流れ着いたか、小鳥が落としたか、庭に一本の紫千振が生えた。よほど土壌が肥えていたとみえて、茎丈が三、四〇センチにもなり、無数の花が咲いたのは、驚きと同時にうれしい。野生のものとは思えないほど豪華で、着物の裾模様にしたなら、さぞ鮮やかであろう。来年はどこに居つくのだろうか。

龍胆《りんどう》

山を入手して草を刈り取った最初の秋、すでに絶えてしまったと思っていた龍胆の花が、あちこちに咲いたときはうれしく、荒れ山の中で生きつづけてきたことに感動した。ばらばらでは管理が大変なので一か所に集めようということになり、草原の頂上に「りんどう峠」を造ることを夫が提案した。「龍胆のゾーン」、「撫子のゾーン」と草原を区分けすることにした。日陰や土手下や木の根元に生えていた龍胆は、見晴らしよく日当たりのよい峠に集結した。

そして翌年の秋がやってきた。取り残した龍胆が可憐な花を見せはじめたというのに、峠の彼女たちは何処かに雲隠れしてしまった。いくら探しても見つからず、いくら待っても姿を現さない。自分たちで見つけた安住の地を追われて、新しい大地に馴染むことができなかったのだろう。よかれと思ってしたことが仇になってしまった。

「好きな場所で好きなようにお咲き」

今では花たちにそう呼びかけている。

朝日と共に花びらを開き、日没と共に花びらを閉じるこの種の花たちは、賢く愛しい気がする。栄養状態のよい庭や畑では、園芸種のように鈴なりの花が咲き、食傷気味になることもあるが、笹竹や真菰がやの中の花たちは、一、二輪で慎ましくかわいい。花びらを開いた姿もいいが、ほっそりと伸びた蕾の先端がわずかに開いたときは、わくわくとした期待感を覚える。ただ、残念に思うことは、遅咲きの花が霜害を被り、蕾のまま枯れている姿を目にしたときである。

ふゆ

藪柑子

やぶこうじ

林床に群生する小さい常緑樹で、葉が蜜柑に似て藪陰に生えることから「藪柑子」と書く。十一月から十二月ごろ、小さな赤い実が下向きに三、四個つく。千両、万両に対して唐橘《からたちばな》は百両、そして藪柑子は十両だという。昔の人は粋な遊びをしたものである。千両・万両は現在の貨幣に換算すると、いかほどになるのか分からないが、大金であろう。

上野の森に昨年会館した大分市美術館の近くに藪柑子が赤い実をつけている。また車道のすぐ側には真っ赤な真弓の実が二つ

に割れて、中から黒い種子が一つ覗いていた。降り仰ぐと、熟した青木の実が今にも降ってきそうである。上野の森にはまだまだ自然が残っている。大分市はこのあたりを市有地として、このまま残すことになったらしい。遅まきながら嬉しいことである。

昨年のこと、長湯の杉山の入り口に藪柑子の変種らしい植物が群生していた。高さ一〇センチほどの茎に六、七枚の葉と、直径五ミリぐらいの赤い実が一個だけついている。葉は蜜柑の葉というより茶の葉に似ている。杉の古葉が体積して、ふかふかとスポンジ状になった温床は、よほど住み心地がよいようだ。実が一つだけなので、一両ほどだろうか。山里にふさわしく飾り気のないところがいい。

行き過ぎてまた戻り見る藪柑子

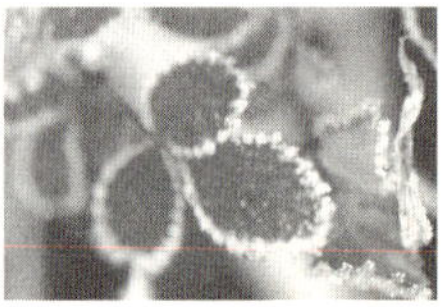

霜の花
しものはな

葉っぱを赤く染めたのいばらが
白い縁飾りのおしゃれをした
ユズリハは
「気をつけ」の姿で
硬直したまま動かない
そして山路の長い霜柱は

けものの足跡を消している
放射冷却という魔術師が
夜明けの芸術を創造した
地球がひとときと
息を止めたかのように
冷気がピーンと張り詰め
あたりは静まりかえる
透明な空気のせいか
久住連山が間近に迫り
庭ではミヤマキリシマが
落葉を目前にして
最後の化粧をした

南天

なんてん

五歳のころ重症のはじかを患った。祖父は八幡様に私の快癒祈願をしてくれたし、母は庭の南天の茎を折って、着物の後ろ襟に縫い付けてくれた。また、あるとき近所の男の子が、おたふく風邪にかかった。その子も私のときと同じように茎を背負っていた。「わざわい（難）転じて福となす」にあやかりたい親心であったろう。今でも正月の床の間には松や梅と共に欠かせない。田舎では、どこの家も鬼門の方角に植えて魔よけにしていたようである。祝い事があると、重箱に詰めた赤飯の上に一枚の葉を置き近所に配る風習もあった。葉には解毒作用がある。昔の人は生活の智慧として、それを利用したのだ。

山荘には、鬼門と言わず庭にも野にも南天を植えた。年ごとに繁殖して大株になっていく。しかし、離れた場所に自然繁殖しているのを見かけないことから、皮つきの実は発芽しないのだろう。これ以上増えなくてもよいが、鳥はどこへ実を運んでいるのだろうか。

朝、底冷えがすると思ったら、初雪が舞っていた。粉雪なので積もるかもしれないと期待しながら、時々、戸外に目をやる。真向かいの檜の木が次第に雪化粧していく……。
突如、あたりにざわめきが起こった。悶え身震いする木々の上を帯状の煙りが弧を描いて灰色の中へ消えていった。風が出たようだ。庭を彩る唯一の赤い実が、雪の中で殊更に赤い。雪解けと共に小鳥たちが急いで食べに来ることだろう。

暮れてより粉雪せっせと降り積もる
初雪や仕立てなおしの服を着る

あとがき

七年間にわたる長湯での花との関わり、野菜や果物を育てる楽しさを記録して残したいとの思いから、この本を出版することにしました。思いがけず海鳥社のご協力が得られて、心よりありがたく思っております。

校正も終わって、原稿をお送りしようとしていた矢先の平成十三年七月二十日朝、夫が急逝しました。昼間は暑くなるので午前五時に起床して、パンとコーヒーの軽食をとり、桃や野菜の収穫をして、私は庭の草取り、夫は少しだけ残っていた草を刈り取って作業を終わりました。朝食をとる直前、胸が重苦しく少し痛いと言って座り込んでしまいました。嫌な予感がした私はすぐにタクシーを呼び、近くの医院に駆けつけました。手当てをしていただき、心電図をとりましたが、心電図は驚くほど悪い状態ではなかったようです。先生が心電図について説明しておられるとき、「だいぶ楽になりました」と本人が言い、「ああ、そうですか」と先生が答えられたのと同時に、「うっ」と声がして、こと切れました。必死の人工呼吸もむなしく、七十歳の人生を終えました。

未だに私は覚めない夢の中にいるようです。長湯での六年間は夫にとっても私にとっても、最高の喜びでした。「このように楽しい老後を送れるとは思ってもいなかった」といつも言っていました。神様が余命をこの六年間に凝縮してくださったのではないでしょうか。

最も愛した長湯で最期を迎えられたこと、私たち夫婦の仲人をしてくださった先生のご子息様に最期を看取られたことに、深い縁を感じます。

大分合同新聞の「土いじり」という投稿欄に、平成十二年三月二十三日、「生涯学習として〝挑戦〟続ける」という夫の投稿が掲載されました。彼の作物に対するひたむきな気持ちが表れていると思いますので、引用してみます。

「都会で暮らす子どもや孫においしい旬の野菜を送ってやろうと家庭菜園を始めて五年になる。せっかく野菜を作るのだから〝露地で完全無農薬〟を目標にした。

最初の一、二年は天候に恵まれたせいか、すべての作物がびっくりするほどよくできた。いちおうの経験と知識を得て自信もつき、さらに立派な野菜を、と欲張った。そのころから調子がおかしくなり、農業の難しさを感じ始めた。

輪作障害、病害虫の発生、鳥獣被害など頭の痛いことが次々と起きる。課題に対応するために、平成十年度から農業大学校の公開講座に出席。専門的なことを学び、農園で実践している。

作物の育成を楽しみ、挑戦する意欲を大切にしながら生涯学習として土いじりを続けたい」

土いじりはもう続けることができなくなりましたが、夫が植えた花木は日ごとに大きくなっております。

「あとがき」は、もっと楽しい文章で終わるはずでしたが、人生とは思いどおりにならないものですね。

出版にあたり海鳥社の杉本雅子様には大変お世話になりました。心からお礼を申し上げます。

平成十四年一月

麻生玲子

麻生玲子（あそう・れいこ）
1935年，大分県直入郡直入町長湯に生まれる。
1954年，大分県立竹田高等学校卒業。1966年から1990年まで大分市の会計事務所勤務。
1995年から長湯で夫とともに野の花に囲まれ，野菜づくりを楽しむ。一男一女の母。

野《の》の花《はな》と暮《く》らす

■

2002年2月2日　第1刷発行

■

著者　麻生玲子
発行者　西　俊明
発行所　有限会社海鳥社
〒810－0074　福岡市中央区大手門3丁目6番13号
電話092(771)0132　FAX092(771)2546
印刷・製本　株式会社西日本印刷
ISBN 4-87415-378-X
http://www.kaichosha-f.co.jp
［定価は表紙カバーに表示］

■

JASRAC 出 0200011-201

海鳥社の本

季寄せ 花模様 あそくじゅうの山の花たち正・続　橋本瑞夫

雄大なあそ・くじゅうの大自然を舞台に，時には繊細優美に咲き匂い，時には大胆華麗に咲き誇る。春から秋にかけての山の花を見事にとらえた写真集。写真100点とエッセイ・例句・花の解説で構成。　各3000円

由布院花紀行　文 高見乾司　写真 高見 剛

わさわさと吹き渡る風に誘われて，今日も森へ──。折々の草花に彩られ，小さな生きものたちの棲むそこは，歓喜と癒しの時間を与えてくれる。美しい由布院の四季を草花の写真とエッセイで綴る。　2600円

山庭の四季 久重・山麓だより 3～5　文 藤井綏子　絵 藤井衛子

久重の山麓で暮らす母と娘が，草花との語らいをエッセイとスケッチで綴った画文シリーズ。人知れず咲く花に寄せる思いと山里と過ごす日々の哀歓がさわやかに伝わってくる。3＝1068円，4＝1200円，5＝1262円

四季・豊の国　木下陽一

仏の里・国東半島，中津・日田・竹田など歴史の町並み，耶馬渓・玖珠の華麗なる四季，久重連山の大自然。歴史と自然が織りなす大分の“美”を完璧に写し取る。　3000円

鏝絵の里　中村基樹

100年の歳月に耐え，人々の暮らしを見守りつづけてきた鏝絵──それは，庶民のエネルギーとユーモアを伝える文化遺産である。全国一の数を誇る大分県内の鏝絵を集成した写真集。　2800円

絵合わせ 九州の花図鑑　益村 聖

九州中・北部に産する主要2000種を解説。1枚の葉から植物名が検索できるよう図版291枚（1500種）の全てを細密画で示し，写真では出せない小さな特徴まで表現。やさしい解説に加え季語・作例も掲げた。6500円

＊価格は税別